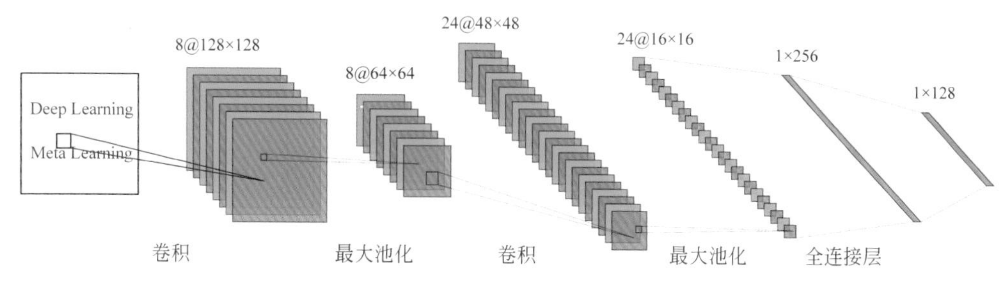

图 2-5　卷积神经网络结构示意图

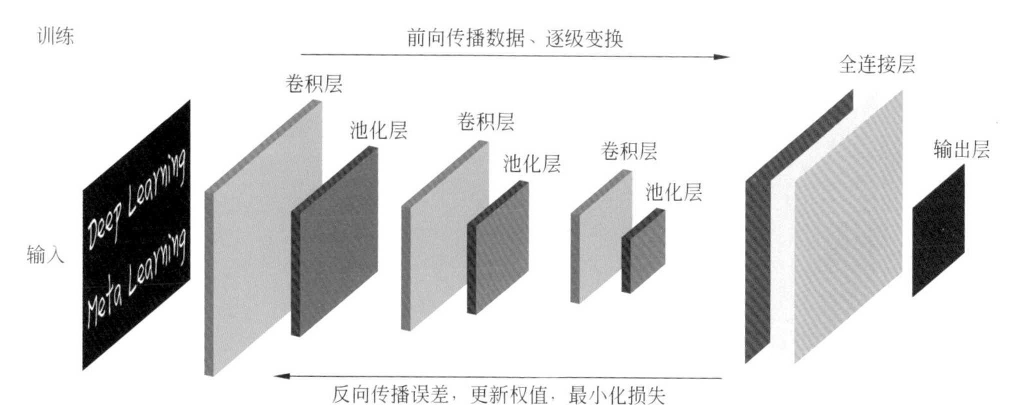

图 2-12　卷积神经网络的训练

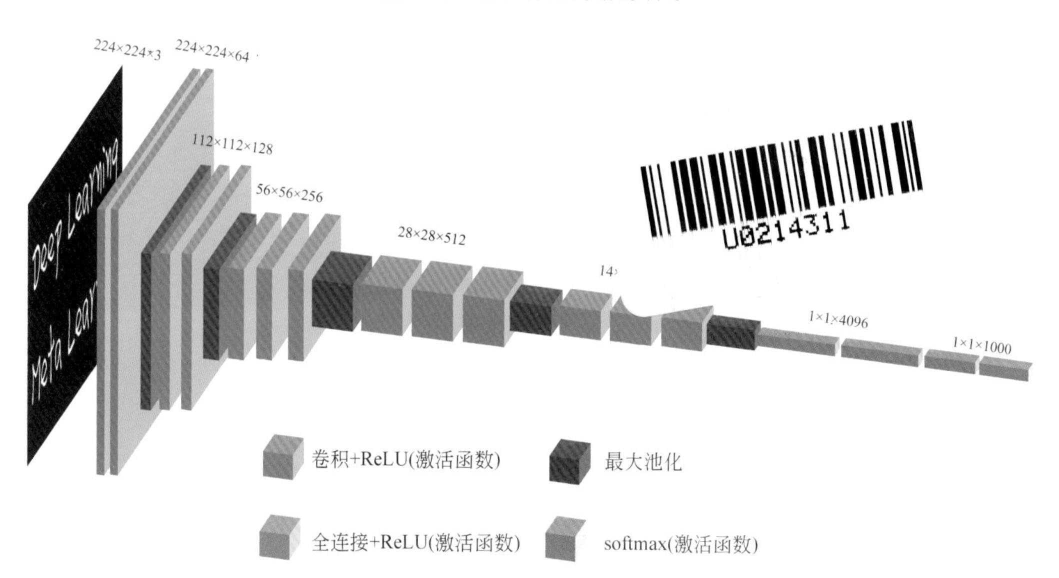

图 2-13　VGG16 网络结构

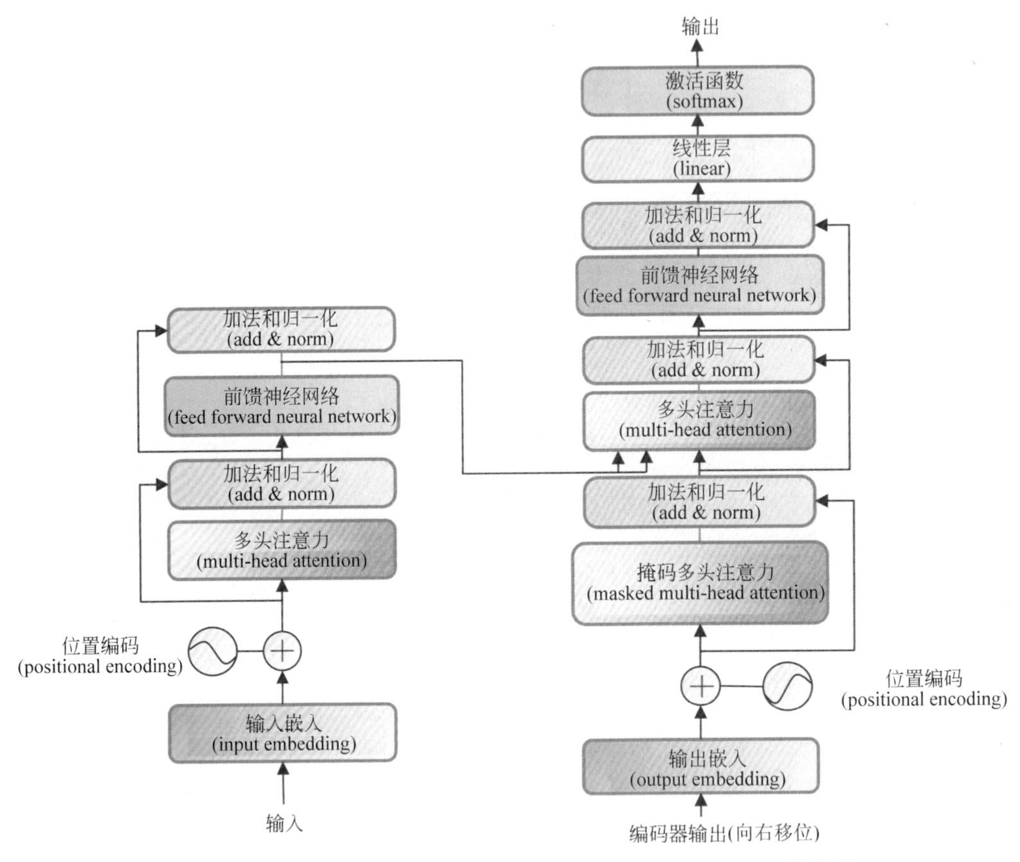

图 2-21　Transformer 架构(multi-head attention 是 self-attention 的拓展)

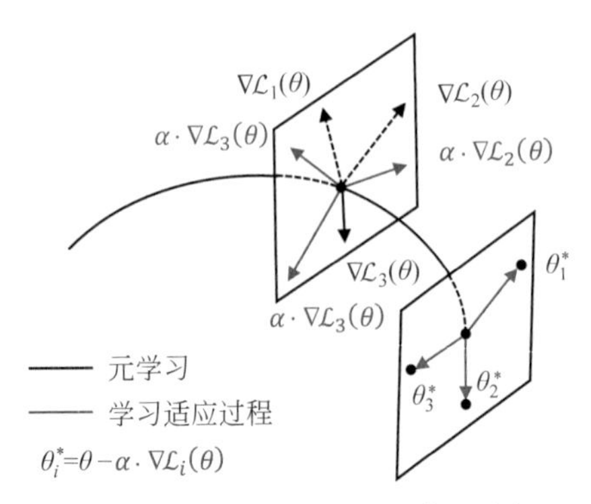

图 8-2　Meta-SGD 的两级学习过程

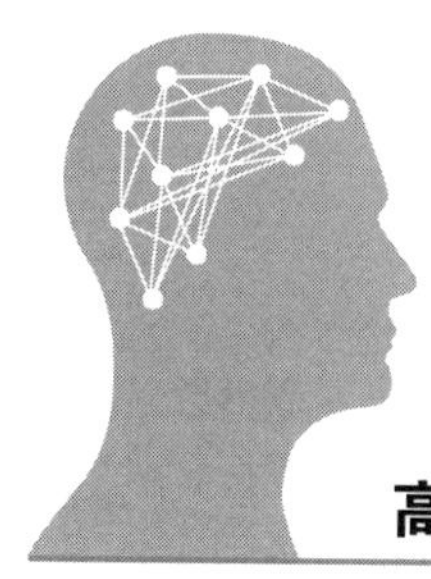

高等学校智能科学与技术/人工智能专业教材

Python
深度元学习算法

王茂发　陈慧灵　主编
徐艳琳　龚启舟　冷志雄　万　泉　颜丙辰　参编

清華大学出版社
北　京

内 容 简 介

本书全面介绍了深度元学习技术的知识，包括元学习、机器学习、深度学习及其技术平台和应用案例，给出了一套较为完备的深度元学习框架，并根据作者所在课题组的研究成果提出了一些具有启发性的元学习算法和思考方向。

全书共9章。第1章主要介绍元学习的基本概念、基本任务和基本类型；第2章系统介绍深度学习的概念、原理和应用，帮助读者逐步具备一定的深度学习实践能力；第3章介绍一种简单的元学习神经网络——孪生网络；第4章介绍原型网络及其各种变体；第5章介绍两种有趣单样本元学习算法——关系网络和匹配网络；第6章介绍记忆增强神经网络；第7章进一步介绍饶有趣味且应用广泛的元学习算法——模型无关元学习及其变种；第8章介绍另外两种经典的元学习模型——Meta-SGD和Reptile；第9章深入介绍元学习的一些新进展与最新研究成果——基于样本抽样和任务难度自适应的深度元学习理论。全书提供大量应用实例和配套代码，每章后均附有适量思考题，引发读者思考和讨论。

全书行文浅显易懂，深入浅出，适合作为高等学校计算机相关专业研究生或高年级本科生开展元学习理论教学，也可供广大AI技术开发和研究人员参考。

图书在版编目(CIP)数据

Python深度元学习算法/王茂发，陈慧灵主编. —北京：清华大学出版社，2023.11
高等学校智能科学与技术/人工智能专业教材
ISBN 978-7-302-64951-9

Ⅰ.①P… Ⅱ.①王… ②陈… Ⅲ.①软件工具－程序设计－高等学校－教材 Ⅳ.①TP311.561

中国国家版本馆CIP数据核字(2023)第220946号

责任编辑：张　玥
封面设计：常雪影
责任校对：郝美丽
责任印制：刘海龙

出版发行：清华大学出版社
网　　址：https://www.tup.com.cn，https://www.wqxuetang.com
地　　址：北京清华大学学研大厦A座　　**邮　　编**：100084
社 总 机：010-83470000　　**邮　　购**：010-62786544
投稿与读者服务：010-62776969，c-service@tup.tsinghua.edu.cn
质量反馈：010-62772015，zhiliang@tup.tsinghua.edu.cn
课件下载：https://www.tup.com.cn，010-83470236
印 装 者：三河市龙大印装有限公司
经　　销：全国新华书店
开　　本：185mm×230mm　**印　张**：13.25　**插　页**：1　**字　　数**：211千字
版　　次：2023年12月第1版　**印　　次**：2023年12月第1次印刷
定　　价：59.50元

产品编号：095908-01

高等学校智能科学与技术/人工智能专业教材

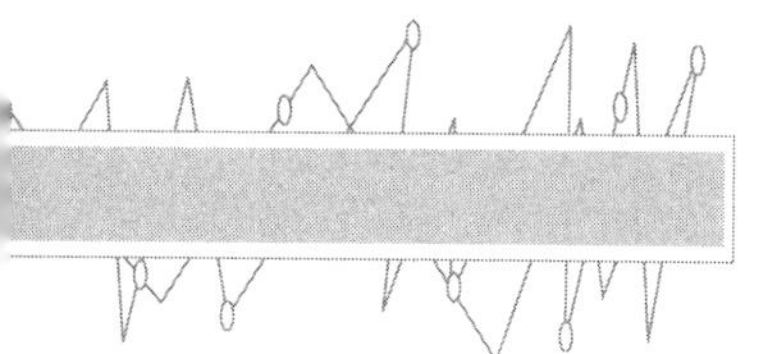

编审委员会

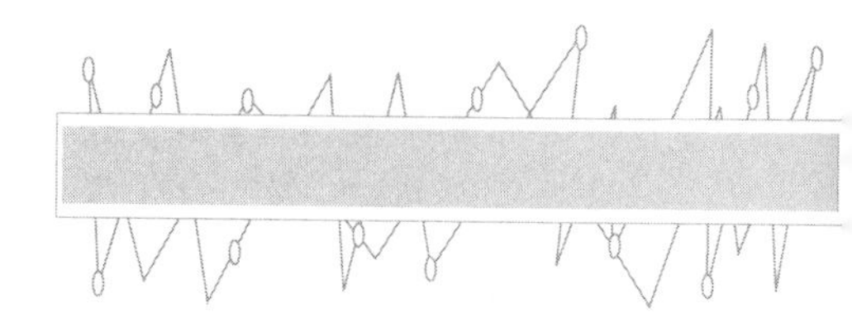

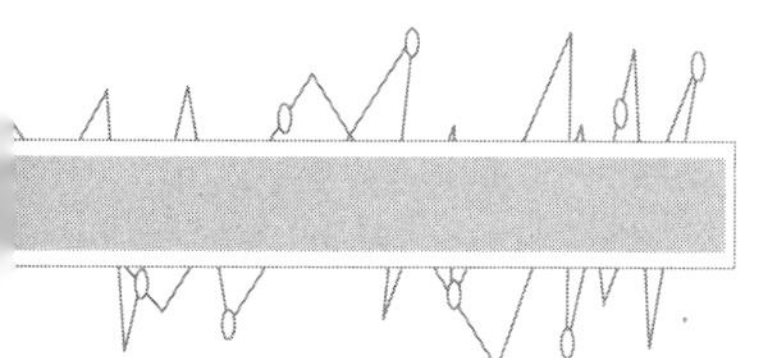

出版说明

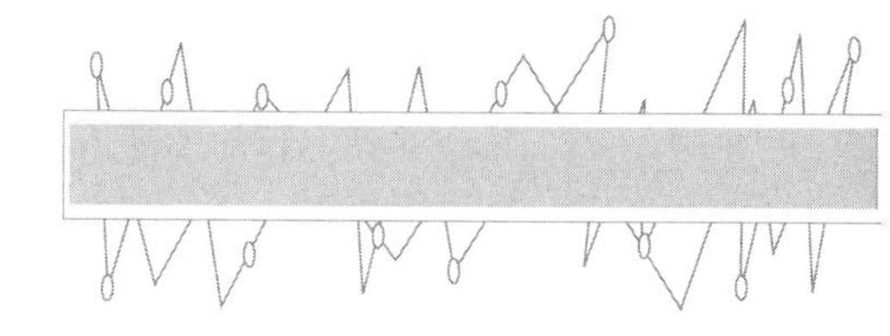

当今时代,以互联网、云计算、大数据、物联网、新一代器件、超级计算机等,特别是新一代人工智能为代表的信息技术飞速发展,正深刻地影响着我们的工作、学习与生活。

随着人工智能成为引领新一轮科技革命和产业变革的战略性技术,世界主要发达国家纷纷制定了人工智能国家发展计划。2017 年 7 月,国务院正式发布《新一代人工智能发展规划》(以下简称《规划》),将人工智能技术与产业的发展上升为国家重大发展战略。《规划》要求"牢牢把握人工智能发展的重大历史机遇,带动国家竞争力整体跃升和跨越式发展",提出要"开展跨学科探索性研究",并强调"完善人工智能领域学科布局,设立人工智能专业,推动人工智能领域一级学科建设"。

为贯彻落实《规划》,2018 年 4 月,教育部印发了《高等学校人工智能创新行动计划》,强调了"优化高校人工智能领域科技创新体系,完善人工智能领域人才培养体系"的重点任务,提出高校要不断推动人工智能与实体经济(产业)深度融合,鼓励建立人工智能学院/研究院,开展高层次人才培养。早在 2004 年,北京大学就率先设立了智能科学与技术本科专业。为了加快人工智能高层次人才培养,教育部又于 2018 年增设了"人工智能"本科专业。2020 年 2 月,教育部、国家发展改革委、财政部联合印发了《关于"双一流"建设高校促进学科融合,加快人工智能领域研究生培养的若干意见》的通知,提出依托"双一流"建设,深化人工智能内涵,构建基础理论人才与"人工智能 +X"复合型人才并重的培养体系,探索深度融合的学科建设和人才培养新模式,着力提升人工智能领域研究生培养水平,为我国抢占世界科技前沿,实现引领性原创成果的重大突破提供更加充分的人才支撑。至今,全国共有超过 400 所高校获批智能科学与技术或人工智能本科专业,我国正在建立人工智能类本科和研究生层次人才培养体系。

教材建设是人才培养体系工作的重要基础环节。近年来,为了满足智能专业的人才培养和教学需要,国内一些学者或高校教师在总结科研和教学成果的基础上编写了一系列教材,其中有些教材已成为该专业必选的优秀教材,在一定程度上缓解了专业人才培养对教材的需求,如由南京大学周志华教授编写、我社出版的《机器学习》就是其中的佼校者。同时，我们应该看到，目前市场上的教材还不能完全满足智能专业的教学需要，突出的问题主要表现在内容比较陈旧，不能反映理论前沿、技术热点和产业应用与趋势等；缺乏系统性，基础教材多、专业教材少，理论教材多、技术或实践教材少。

为了满足智能专业人才培养和教学需要，编写反映最新理论与技术且系统化、系列化的教材势在必行。早在 2013 年，北京邮电大学钟义信教授就受邀担任第一届"全国高等学校智能科学与技术 /人工智能专业规划教材编委会"主任，组织和指导教材的编写工作。2019 年，第二届编委会成立，清华大学陆建华院士受邀担任编委会主任，全国各省市开设智能科学与技术 /人工智能专业的院系负责人担任编委会成员，在第一届编委会的工作基础上继续开展工作。

编委会认真研讨了国内外高等院校智能科学与技术 /人工智能专业的教学体系和课程设置，制定了编委会工作简章、编写规则和注意事项，规划了核心课程和自选课程。经过编委会全体委员及专家的推荐和审定，本套丛书的作者应运而生，他们大多是在本专业领域有深厚造诣的骨干教师，同时从事一线教学工作，有丰富的教学经验和研究功底。

本套教材是我社针对智能科学与技术 /人工智能专业策划的第一套规划教材，遵循以下编写原则：

（1）智能科学技术 /人工智能既具有十分深刻的基础科学特性（智能科学），又具有极其广泛的应用技术特性（智能技术）。因此，本专业教材面向理科或工科，鼓励理工融通。

（2）处理好本学科与其他学科的共生关系。要考虑智能科学与技术 /人工智能与计算机、自动控制、电子信息等相关学科的关系问题，考虑把"互联网 +"与智能科学联系起来，体现新理念和新内容。

（3）处理好国外和国内的关系。在教材的内容、案例、实验等方面，除了体现国外先进的研究成果，一定要体现我国科研人员在智能领域的创新和成果，优先出版具有自己特色的教材。

（4）处理好理论学习与技能培养的关系。对理科学生，注重对思维方式的培养；对工科学生，注重对实践能力的培养。各有侧重。鼓励各校根据本校的智能专业特色编写教材。

（5）根据新时代教学和学习的需要，在纸质教材的基础上融合多种形式的教学辅助材料。鼓励包括纸质教材、微课视频、案例库、试题库等教学资源的多形态、多媒质、多层次的立体化教材建设。

（6）鉴于智能专业的特点和学科建设需求，鼓励高校教师联合编写，促进优质教材共建共享。鼓励校企合作教材编写，加速产学研深度融合。

本套教材具有以下出版特色：

（1）体系结构完整，内容具有开放性和先进性，结构合理。

（2）除满足智能科学与技术/人工智能专业的教学要求外，还能够满足计算机、自动化等相关专业对智能领域课程的教材需求。

（3）既引进国外优秀教材，也鼓励我国作者编写原创教材，内容丰富，特点突出。

（4）既有理论类教材，也有实践类教材，注重理论与实践相结合。

（5）根据学科建设和教学需要，优先出版多媒体、融媒体的新形态教材。

（6）紧跟科学技术的新发展，及时更新版本。

为了保证出版质量，满足教学需要，我们坚持成熟一本，出版一本的出版原则。在每本书的编写过程中，除作者积累的大量素材，还力求将智能科学与技术/人工智能领域的最新成果和成熟经验反映到教材中，本专业专家学者也反复提出宝贵意见和建议，进行审核定稿，以提高本套丛书的含金量。热切期望广大教师和科研工作者加入我们的队伍，并欢迎广大读者对本系列教材提出宝贵意见，以便我们不断改进策划、组织、编写与出版工作，为我国智能科学与技术/人工智能专业人才的培养做出更多的贡献。

我们的联系方式是：

联系人：张玥

联系电话：010-83470175

电子邮件：jsjjc_zhangy@126.com。

清华大学出版社

2020年夏

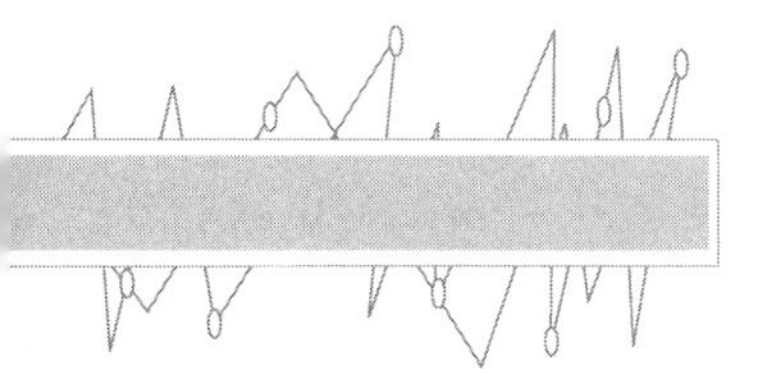

总　　序

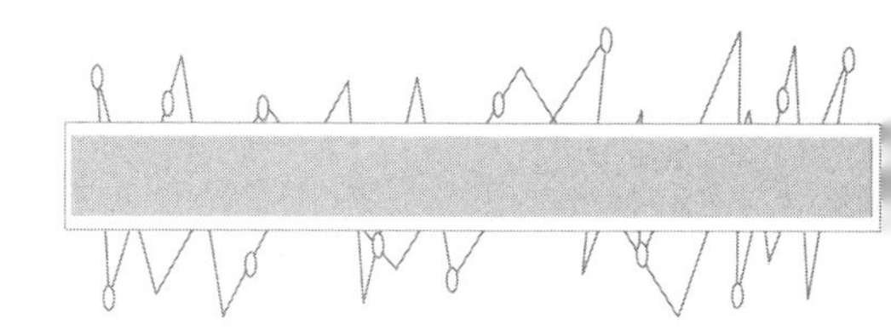

以智慧地球、智能驾驶、智慧城市为代表的人工智能技术与应用迎来了新的发展热潮，世界主要发达国家和我国都制定了人工智能国家发展计划，人工智能现已成为世界科技竞争新的制高点。另一方面，智能科技/人工智能的发展也面临新的挑战，首先是其理论基础有待进一步夯实，其次是其技术体系有待进一步完善。抓基础、抓教材、抓人才，稳妥推进智能科技的发展，已成为教育界、科技界的广泛共识。我国高校也积极行动、快速响应，陆续开设了智能科学与技术、人工智能、大数据等专业方向。截至2020年底，全国共有超过400所高校获批智能科学与技术或人工智能本科专业，面向人工智能的本、硕、博人才培养体系正在形成。

教材乃基础之基础。2013年10月，"全国高等学校智能科学与技术/人工智能专业规划教材"第一届编委会成立。编委会在深入分析我国智能科学与技术专业的教学计划和课程设置的基础上，重点规划了《机器智能》等核心课程教材。南京大学、西安电子科技大学、西安交通大学等高校陆续出版了人工智能专业教育培养体系、本科专业知识体系与课程设置等专著，为相关高校开展全方位、立体化的智能科技人才培养起到了示范作用。

2019年10月，第二届(本届)编委会成立。在第一届编委会教材规划工作的基础上，编委会通过对斯坦福大学、麻省理工学院、加州大学伯克利分校、卡内基-梅隆大学、牛津大学、剑桥大学、东京大学等国外高校和国内相关高校人工智能相关的课程和教材的跟踪调研，进一步丰富和完善了本套专业规划教材。同时，本届编委会继续推进专业知识结构和课程体系的研究及教材的出版工作，期望编写出更具创新性和专业性的系列教材。

智能科学技术正处在迅速发展和不断创新的阶段，其综合性和交叉性特征鲜明，因而其人才培养宜分层次、分类型，且要与时俱进。本套教材的规划既注重学科的交叉融合，又兼顾不同学校、不同类型人才培养的需要，既有强化理论基础的，也有强化应用实践的。编委会为此将系列教材分为基础理论、实验实践和创新应用三大类，并按照课程体系将其分为数学与物理基础课程、计算机与电子信息基础课程、专业基础课程、专业实验课程、专业选修课程和“智能 +”课程。该规划得到了相关专业的院校骨干教师的共识和积极响应，不少教师/学者也开始组织编写各具特色的专业课程教材。

编委会希望，本套教材的编写，在取材范围上要符合人才培养定位和课程要求，体现学科交叉融合；在内容上要强调体系性、开放性和前瞻性，并注重理论和实践的结合；在章节安排上要遵循知识体系逻辑及其认知规律；在叙述方式上要能激发读者兴趣，引导读者积极思考；在文字风格上要规范严谨，语言格调要力求亲和、清新、简练。

编委会相信，通过广大教师 /学者的共同努力，编写好本套专业规划教材，可以更好地满足智能科学与技术/人工智能专业的教学需要，更高质量地培养智能科技专门人才。

饮水思源。在全国高校智能科学与技术 /人工智能专业规划教材陆续出版之际，我们对为此做出贡献的有关单位、学术团体、老师/专家表示崇高的敬意和衷心的感谢。

感谢中国人工智能学会及其教育工作委员会对推动设立我国高校智能科学与技术本科专业所做的积极努力；感谢清华大学、北京大学、南京大学、西安电子科技大学、北京邮电大学、南开大学等高校，以及华为、百度、腾讯等企业为发展智能科学与技术 /人工智能专业所做出的实实在在的贡献。

特别感谢清华大学出版社对本系列教材的编辑、出版、发行给予高度重视和大力支持。清华大学出版社主动与中国人工智能学会教育工作委员会开展合作，并组织和支持了该套专业规划教材的策划、编审委员会的组建和日常工作。

编委会真诚希望，本套规划教材的出版不仅对我国高校智能科学与技术 /人工智能专业的学科建设和人才培养发挥积极的作用，还将对世界智能科学与技术的研究与教育做出积极的贡献。

另一方面，由于编委会对智能科学与技术的认识、认知的局限，本套系列教材难免存在错误和不足，恳切希望广大读者对本套教材存在的问题提出意见和建议，帮助我们不断改进，不断完善。

高等学校智能科学与技术/人工智能专业教材编委会主任

陈建华

2021 年元月

前　言

FOREWORD

元学习的历史可以追溯到20世纪60年代开始的机器学习研究，当时一些研究人员开始探索如何在学习中引入“元”的概念。其中最早的尝试包括基于决策树的元学习和基于规则的元学习。

近年来，随着机器学习领域的快速发展，元学习变得越来越受关注。元学习的研究涉及强化学习、机器人学、自然语言处理等各个领域，并在这些领域中取得了许多应用成果。

总体来说，元学习是一种机器学习的方法，它旨在使机器学习系统能够自动学习如何学习。元学习的目标是开发出一种智能系统，该系统能够快速适应新的任务和环境，而不需要大量的训练数据或重新设计整个学习算法。在元学习中，机器学习的基本模型通过学习如何在不同的任务之间共享和迁移知识来提高自己的学习能力。

路漫漫，其修远兮！本书是为有志于学习深度元学习技术的读者而写。希望本书能为现在或将来从事元学习、深度学习、机器学习及通用人工智能的读者提供知识参考，抛砖引玉，烘云托月。

本书力求浅显易懂、深入浅出，既可以作为深度元学习领域的专著，也可以作为计算机相关专业研究生或高年级本科生开展元学习理论教学的参考书。

本书共9章，章节安排以综合深度元学习工程应用为主线展开。第1章介绍了元学习的基本概念、基本任务和基本类型；第2章系统地介绍深度学习的基本概念、原理和应用，帮助读者逐步具备一定的深度学习实践能力；第3章介绍一种简单的神经网络——孪生网络；第4章介绍原型网络及其各种变体；第5章介绍两种有趣单样本学习算法——关系网络和匹配网络；第6章介绍记忆增强神经网络；第7章介绍饶有趣味且应用广泛的元学习算法——模型无关元学习；第8章介绍了另外两种经典的元学习模型——Meta-SGD和Reptile；第9章深入介绍元学习的一些新进展与最新研究成果——基于样本抽样和任务难度自适应的深度元学习理论。本书还提供了使用Python语言编

FOREWORD 前言

写的配套代码，供读者学习和参考。

在本书的编写过程中，温州大学的陈慧灵博士对本书的总体结构、章节细节形成提出很多具体的建议。笔者课题组研究生徐艳琳、龚启舟、冷志雄、万泉、张润杰、颜丙辰、杨凤山、郭文恒等一起参与了第3～9章的初稿撰写，编制了配备的程序。清华大学出版社的编辑对本书的修改提出了宝贵意见。这里一并表示衷心的感谢！

因笔者水平所限，书中难免存在不足之处，衷心希望广大读者多提宝贵意见，我们将在后续的版本中百尺竿头，更进一步！

笔者　于桂林电子科技大学

2023年5月

目　录

CONTENTS

目录

目 录

CONTENTS

目录

目录 CONTENTS

目录

第1章　元学习简介

元学习是近年来最火爆的人工智能研究领域之一，有关的算法和文献层出不穷。深度学习在许多领域都取得了优异的成果，但仍然存在着鲁棒性及泛化性较差，难以学习和适应新观测任务，极其依赖大规模数据等问题。元学习的出现为解决上述问题提供了新的视野和观点。本章首先介绍元学习的基本概念，以及为元学习研究异军突起的时代背景；其次介绍元学习的三种基本任务：少样本学习、单样本学习和零样本学习；再次介绍元学习技术的不同类型；从次探索“嵌套梯度下降法实现元学习”的概念，以及如何使用元学习器学习梯度下降优化；最后将优化作为一个模型用于少样本学习，并用元学习器来优化一个具体的基算法。

本章内容：

- 元学习。
- 元学习的类型。
- 嵌套梯度下降法实现元学习。
- 少样本学习的优化模型。

1.1　元　学　习

近年来，元学习在人工智能领域有着较高的热度，是最有前景和最热门的研究方向之一，也是实现通用人工智能（artificial general intelligence，AGI）的基础。元学习的提出旨在针对传统深度学习网络模型泛化性能不足、对新任务适应性差的特点[1]。虽然元学习的方法层出不穷，但其核心思想及最终目的都是让机器学会“学习”。简单来说，就是在尽量少甚至无样本的条件下让算法能够自动地适应不同的任务和环境，而无须手动调整算法的超参数或不断设计新的模型。

人工智能是指在计算机科学的基础上，综合信息论、数学、心理学、生理学、自然语言、逻辑学等学科知识，制造能模拟人类智能行为的计算机系统的交叉学科。深度学习技术是近二十年来人工智能发展公认的新高度。但深度学习是真正的人工智能吗？显然不是。在很多方面，深度学习仍然需要大量的数据和算力支持，这和人类的智能形成过程显然不同。就人类来说，我们又是如何学习的呢？儿童阶段的人类可以通过一张动物照片快速学会认出该动物；成年后，人类能够在掌握了一些基础技能后快速学习并适应新任务，甚至不需要视觉，仅凭语言描述就可以学会认识新种类。就元学习来说，元学习的远期目标是通过类似人类的学习能力实现强人工智能[2]，现阶段的目标体现在对新数据集的快速适应，并得到较好的准确度。因此，目前元学习主要表现为提高泛化性能，获取好的模型初始参数，通过少量的计算和少量增量数据即可实现和大量样本集一样的识别准确度。

1.2 元学习的类型

元学习的分类标准有多种，本书将元学习分为以下 3 类[3]。

(1) 学习度量空间。

(2) 学习初始化。

(3) 学习优化器。

1.2.1 学习度量空间

学习本节前，我们来思考一个问题：什么是度量空间？通常“度量”指的是抽象的“距离”，比如两点之间的欧氏距离、两个向量的余弦距离、两个无穷长序列的曼哈顿距离、两个连续函数的 KL 散度距离等。尽管点、向量、无穷长序列、

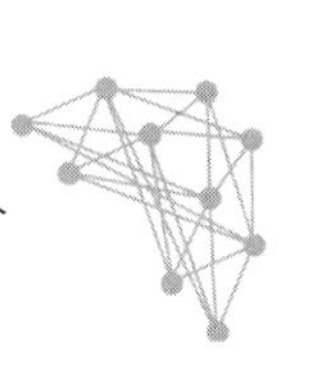

连续函数的形式差别很大,但是如果都把它们抽象成高维空间中的一个点,就可以用相似的方式定义距离的概念。这样一来,大多数时候我们关心的是两个高维点之间的相对距离,而不是它们本身的绝对坐标,因此抽象出距离这个概念后,就可以统一看待点、向量、序列、连续函数等,用统一的方法和理论处理相似的问题。

在基于度量的元学习中,我们将学习合适的度量空间。举例来说,假设学习两部电影的相似性。在基于度量的场景中,使用一个简单的神经网络,从两部电影中提取特征,计算两部电影特征之间的某种距离,通过计算距离差值计算两者之间相似性的具体大小。这种方法被广泛应用于数据点较少的少样本学习中。后面的章节将会介绍不同的基于度量的学习算法,例如孪生网络、原型网络和关系网络等。

1.2.2　学习初始化

深度学习模型的初始化是一个耗时费力的工作,特别超参数的寻优(通过贝叶斯优化、交叉验证、随机搜索等方法)经常耗费大量的算力。另一个麻烦的问题是,在某个任务下历经“千辛万苦”,通过大量样本支持得到了较优的参数,但切换到另一个新任务后,模型需要重新训练,非常耗时耗力。通过元学习学习初始化可以有效地缓解大量调参和任务切换模型重新训练带来的计算成本问题。

假设使用一个具体的深度神经网络对图像进行分类,通常情况下,首先会初始化模型的超参数和网络内部的随机权重参数,然后计算损失,并通过逐步的梯度下降来最小化损失,得到了较优的网络权重参数。“好的开始是成功的一半”,如果不随机初始化权重参数,而是用最优值或接近最优值的值来初始化模型的超参数和内部权重参数,那么模型就可以更快地收敛,实现快速学习。后面的章节将通过学习 MAML、Reptile 和 Meta-SGD 等算法来试图找到一个基网络的初始化权重参数的最优值。

1.2.3　学习优化器

在深度神经网络训练的过程中,很重要的一环就是优化器的选取,不同的优化器会在优化参数时影响梯度的走向。主要熟知的优化器有 Adam、RMsprop、SGD、NAG 等。在元学习的学习场景中，由于样本数据集较少，使用的梯度下降优化可能失效。因此，我们需要学习优化器。优化任务变成了两个：试图学习的基网络和优化基网络的元网络。

1.3 嵌套梯度下降法实现元学习

如何通过梯度下降的方式来实现元学习呢？实际上，在元学习中，使用改进损失函数优化的方法来实现更快、更优的梯度下降。基于梯度下降的优化算法非常多，有随机梯度下降、动量梯度下降、牛顿法，还有著名的 Adam 等。这些优化算法都是利用事先确定的数学公式，根据当前参数的梯度来计算参数更新量[4]。虽然前面提到的方法都是基于参数梯度来计算的，但在实际应用中，不同的方法差异较大，这些差异表现在收敛速度、收敛精度方面。对于每一种方法，还可以有选择地加入提前终止、步长衰减等策略。选择采用何种优化方法，加入何种优化策略，对于调参者是一项经常表现为“经验不足”的棘手任务。面对各式各样的数据、不同的任务目标，调参需要选用合适的方法、技巧和经验，有时还需要一定的运气。元学习的思想就是通过构建一个可嵌套的神经网络来学习这些优化策略。

应该使用什么样的神经网络来“学习”呢？我们将使用递归神经网络（recurrent neural network，RNN）代替传统的梯度下降优化器[5]。那么如何实现呢？下面来了解一下 RNN 的工作过程，如图 1-1 所示。

接下来我们不再使用人为定义的数学公式来计算每次网络参数更新的值，而是将梯度作为 RNN 的一个新输入（input），RNN 利用隐藏状态和输入来进一步决定基网络（base network）参数的更新值。这个 RNN 网络仍然可使用一般的优化器优化自身参数[6]。RNN 称为优化器，基网络称为优化对象。优化对象以 θ 作为参数，而优化器以 φ 作为参数。优化器的目的是最小化优化对象的损失，因此，优化器的损失是优化对象的平均损失，它可以表示为：

$$L(\varphi)=E_f[f(\theta(f,\varphi))] \tag{1-1}$$

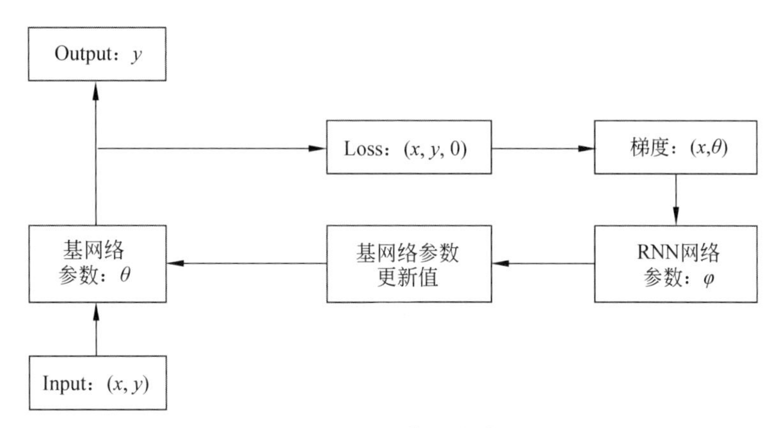

图 1-1　RNN 的工作过程

通过梯度下降找到合适的 φ 来最小化这种损失。优化器将优化对象的梯度 ∇_t 以及它的上一个状态 h_t 作为输入，并返回输出，然后就可以最小化优化器损失的更新 g_t。这里用 R 来表示 RNN：

$$(g_t, h_{t+1}) = R(\nabla_t, h_t, \varphi) \tag{1-2}$$

上面的方程参数解释如下。

- ∇_t 是模型 f（优化对象）的梯度，即 $\nabla_t = \nabla_t f(\varphi_t)$。
- h_t 是 RNN 的隐藏状态。
- φ 是 RNN 的参数。
- 输出 g_t 和 h_{t+1} 分别是提供给优化器更新与 RNN 的下一个状态。

所以，可以用 $\theta_{t+1} = \theta_t + g_t$ 来更新基模型参数值。下面举例说明以下过程：假设有一个由参数 θ 影响的模型 f。要找到最优参数 θ 来将损失最小化。通常情况下，会通过梯度下降法来寻找最优参数，但是现在利用 RNN 来寻找。RNN 找到了最优参数，并将其发送给优化对象（基网络），基网络使用这个参数计算损失，并将损失再次发送给 RNN 优化器。基于该损失，RNN 通过梯度下降优化自身，并更新模型参数 θ。

图 1-2 中的优化对象（基网络）是通过优化器（RNN）优化的。优化器将更新之后的参数（权重）发送给优化对象，优化对象使用这些权重计算损失，并将损失发送给优化器。基于损失，优化器通过梯度下降来改进自身。

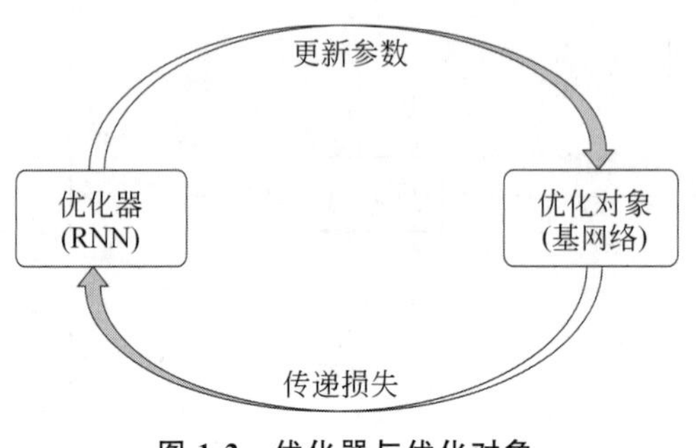

图 1-2　优化器与优化对象

1.4　少样本学习的优化模型

少样本学习(few-shot learning)在机器学习领域具有重大意义和挑战性,是否拥有从少量样本中学习和概括的能力,是区分人工智能和人类智能的一个重要标志。因为人类可以仅通过一个或几个实例就可以轻松地建立对新事物的认知,而机器学习算法通常需要成千上万个有监督样本来保证其泛化能力[7]。前面介绍了用嵌套梯度下降法实现元学习,但是在少样本学习中,梯度下降会由于数据样本非常少而突然失效[8]。嵌套梯度下降法实现元学习需要更多的数据点来达到收敛和损失最小化。因此,在少样本学习中,需要一种更好的优化技术。先来回顾一下梯度下降的更新算法:

$$\theta_t = \theta_{t+1} - \alpha_t \nabla_{\theta_{t-1}} L_t \tag{1-3}$$

以上方程的参数解释如下。

- θ_t 是更新参数。
- θ_{t+1}是上一步的参数值。
- α_t 是学习率。
- $\nabla_{\theta_{t-1}} L_t$ 是相对于θ_{t-1}的损失函数的梯度。

梯度下降更新方程与长短期记忆(long short-term memory,LSTM)网络的细胞状态更新方程类似[9],其方程可以写成:

$$c_t = f_t \odot c_{t-1} + i_t \odot \tilde{c}_t \tag{1-4}$$

如果要将 LSTM 细胞状态更新方程转换成梯度下降更新方程,可设 $f_t=1$,则:

$$c_{t-1}=\theta_{t-1} \tag{1-5}$$

$$i_t=\alpha_t \tag{1-6}$$

$$\tilde{c}_t=\nabla_{\theta_{t-1}} L_t \tag{1-7}$$

因此,在少样本学习中,可以使用 LSTM 而非梯度下降作为优化器[10]。LSTM 是元学习器,它将学习用于训练模型的更新规则。因此,使用两个网络:一个是基学习器,它学会执行任务;另一个是元学习器,它试图找到最优的参数。

LSTM 主要有 3 个阶段,分别是遗忘阶段、选择记忆阶段和输出阶段[11]。

在遗忘阶段,对上一个节点传进来的输入进行选择性遗忘。具体是通过计算得到的 f_t 作为遗忘门控,来控制上一个状态的 c_{t-1},判断哪些需要留下,哪些需要遗忘。f_t 可以表示为:

$$f_t=\sigma(w_f \cdot [h_{t-1},x_t]+b_f) \tag{1-8}$$

当面对损失很大、梯度接近于零的情况时,可以收缩模型参数,并遗忘其前一个值的某些部分。所以可以利用遗忘门控来实现这一点,它以当前参数值 θ_{t-1}、当前损失 L_t、当前梯度$\nabla_{\theta_{t-1}}$以及前一个遗忘门控作为输入。可以表示为:

$$f_t=\sigma(w_f \cdot [\theta_{t-1},L_t,\nabla_{\theta_{t-1}},f_{t-1}]+b_f) \tag{1-9}$$

输入门的作用是决定更新什么值,可以表示为:

$$i_t=\sigma(w_i \cdot [h_{t-1},x_t]+b_i) \tag{1-10}$$

在少样本学习中,可以使用输入门来调整学习率,从而在防止发散的同时快速学习,公式如下:

$$i_t=\sigma(w_i \cdot [\theta_{t-1},L_t,\nabla_{\theta_{t-1}},i_{t-1}]+b_i) \tag{1-11}$$

因此,元学习在多次更新之后得到了 f_t 和 i_t 的最优值。

下面来看这是如何运作的。

假设有一个由 θ 影响的基网络 M、由 φ 影响的 LSTM 元学习器 K 以及数据集 D。现在将数据集分割为训练集 D^{train} 和测试集 D^{test}。首先随机初始化元学习参数 φ。

从 T 次迭代中随机在 D^{train} 中抽取数据点，计算损失以及相对于模型参数 θ 的损失梯度。然后把得到的梯度、计算出来的损失以及元学习器参数 φ 发送给元学习器。元学习器 K 则会根据细胞状态更新方程返回细胞状态 c_t，然后在第 t 时刻将基网络 M 的参数 θ_t 更新为 c_t。重复 N 次，代码如下。

```
1    for t = 1,...,T do
2        X_t, Y_t ← a batch of random samples in D^train
3        Loss_t ← L(M(X_t;θ_{t-1}), Y_t)
4        cell state(c_t) ← R((∇_{θ_t}, Loss_t, Loss_t), φ)
5        θ_t ← c_t
6    end for
```

经过 T 次迭代，得到最优参数 θ_T。再利用测试集和参数 θ_T 计算测试集的损失。然后计算相对于元学习器参数 φ 的损失参数，并更新 φ，代码如下。

```
1    X, Y ← D^test
2    Loss_test ← L(M(X;θ_T), Y)
3    update φ with ∇_φ Loss_test
```

经过 n 次迭代后，更新元学习器，代码如下。

```
1    φ_0 ← random initialization
2    for d = 1,...,n do
3        D^train, D^test ← a random sample from dataset D
4        θ_0 ← c_0
5        for t= 1,...,T do
6            X_t, Y_t ← a batch of random samples in D^train
7            Loss_t ← L(M(X_t;θ_{t-1}), Y_t)
8            cell state(c_t) - R((∇_{θ_{t-1}}, Loss_t, Loss_t), φ_{d-1})
9            θ_t ← c_t
10       end for
11       X, Y ← D^test
12       Loss_test ← L(M(X;θ_T), Y_t)
13       update φ_d with ∇_{θ_{t-1}} Loss_test
14    end for
```

1.5 小　　结

在本章中，我们首先学习了元学习是什么，以及不同类型的元学习，了解了可以通过梯度下降来实现元学习，并且知道了可以把 RNN 作为优化器优化基网络。认识到了梯度下降更新方法与 LSTM 的细胞状态更新方程相似，因此把优化比作一个少样本学习的模型，在少样本学习中将 LSTM 用作元学习器优化。第 2 章将进一步学习深度学习的多种基础网络，为后续深入学习做好准备。

1.6 思　考　题

1. 什么是元学习？
2. 什么是少样本学习和零样本学习？
3. 元学习的类型有哪些？
4. 学习度量空间有哪些经典的方法？
5. 学习初始化有哪些经典的方法？

参考文献

[1] Vanschoren J. Meta-learning[M]. Automated machine learning: methods, systems, challenges, 2019: 35-61.

[2] Nichol A, Achiam J, Schulman J. On first-order meta-learning algorithms[DB/OL]. (2018-05-08)[2023-05-01]. http://arXiv.org/abs/1803.02999.

[3] 李凡长，刘洋，吴鹏翔，等. 元学习研究综述[J]. 计算机学报，2021，44(2): 422-446.

[4] 李兴怡，岳洋. 梯度下降算法研究综述[J]. 软件工程，2020，23(2): 1-4.

[5] Li S, Li W, Cook C, et al. Independently recurrent neural network (IndRNN): Building a longer and deeper RNN[C]//Proceedings of the IEEE conference on computer vision and pattern recognition, 2018: 5457-5466.

[6] Sherstinsky A. Fundamentals of recurrent neural network (RNN) and long short-term memory

(LSTM) network[J]. Physica D: Nonlinear Phenomena,2020(404): 132-306.

[7] Snell J, Swersky K, Zemel R. Prototypical networks for few-shot learning[J]. Advances in neural information processing systems,2017,30: 4077-4087.

[8] Sung F, Yang Y, Zhang L, et al. Learning to compare: Relation network for few-shot learning[C]// Proceedings of the IEEE conference on computer vision and pattern recognition,2018: 1199-1208.

[9] Staudemeyer R C, Morris E R. Understanding LSTM: a tutorial into long short-term memory recurrent neural networks[DB/OL]. (2019-09-12)[2023-05-01].https://arXiv.org/abs/1909.09586.

[10] 李新叶,龙慎鹏,朱婧. 基于深度神经网络的少样本学习综述[J]. 计算机应用研究,2020,37(8): 2241-2247.

[11] Greff K, Srivastava R K, Koutník J, et al. LSTM: A search space odyssey[J]. IEEE transactions on neural networks and learning systems,2016,28(10): 2222-2232.

第2章　深度学习

在当今这个信息爆炸的时代，我们的生活、工作、学习都离不开计算机、智能手机和互联网。作为一种强大的人工智能技术，深度学习以卓越的性能和广泛的应用场景吸引了越来越多人的关注。本章将系统地介绍深度学习的概念、原理、应用和发展趋势，帮助读者成为具备一定实践能力的深度学习工程师。

本章内容：

- 深度学习的概念。
- DNN——深度神经网络。
- CNN——卷积神经网络。
- 循环神经网络。
- 生成对抗网络。
- Transformer及扩散模型。

2.1　深度学习的概念

深度学习（deep learning）是一种机器学习（machine learning）技术，或者说是一种机器学习方法。它通过模仿人脑神经元的连接方式构建多层的神经网络，并不断优化神经网络的权重和偏置来实现对复杂数据的高效处理和智能分析。深度学习的核心思想是通过多层次的特征提取和信息整合实现对数据的高效分类、识别和预测[1]。

深度学习方法相较于传统机器学习方法，在处理诸如图像、语音和文本等高维数据时的表现更为优秀，因而在众多任务中实现了超越传统算法的性能表现。

深度学习算法的结构通常由输入层、若干隐藏层和输出层组成。各隐藏层利用被称作神经元的单元对数据进行处理，并依据学习到的权重和偏置判断应将哪些信息传递至下一层。利用反向传播算法，系统能够根据提供的训练数据对网络的权重和偏置进行优化，从而提升准确性和泛化能力。

深度学习作为机器学习的一个子领域，主要使用神经网络模型来学习。深度学习包括许多不同的网络结构，例如卷积神经网络（convolutional neural networks，CNN）；循环神经网络（recurrent neural networks，RNN）和生成对抗网络（generative adversarial networks，GAN）等。

深度学习被广泛应用于各种领域，如计算机视觉、自然语言处理、无人驾驶、语音识别和推荐系统等，已成为当今人工智能领域最强大和最有前途的技术之一。我们追求的是实现终极人工智能，而机器学习则作为一种手段来实现这个目标。神经网络和深度学习都只是机器学习中的一种方法。

2.2 深度神经网络概述

2.2.1 人工神经网络

人工神经网络简称神经网络（neural network），是一种模拟人脑神经元连接方式的计算模型。和其他机器学习方法一样，神经网络已经被用于解决各种各样的实际问题。

在生物神经网络中，神经元之间相互连接，当一个神经元兴奋时，它会向相连接的神经元发送化学物质，从而改变这些神经元内的电位。如果某个神经元的电位超过了某个固定的“阈值”，它就会被激活，即“兴奋”起来，并向其他神经元发送化学物质[2]。

神经元是神经网络的基本组成单元，灵感来源于生物神经元，但在实现上有很大的简化。每个神经元接收来自其他神经元或外部源的输入，每个输入都有一个相关的权值（w），它是根据该输入对当前神经元的重要性来确定的，对该输入加权并与其他输入求和后，再加上一个偏置（b），然后将结果传递给一个激活

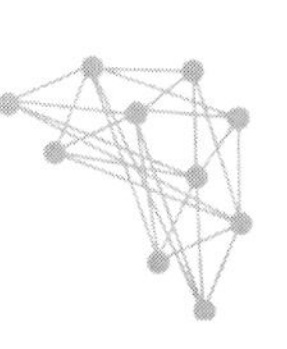

函数(f),激活函数对总和进行非线性变换,以产生神经元的输出。在现代神经网络中,通常使用“偏置”而不是“阈值”,因为偏置更便于数学表示和计算。

一个简单的神经元如图 2-1 所示。

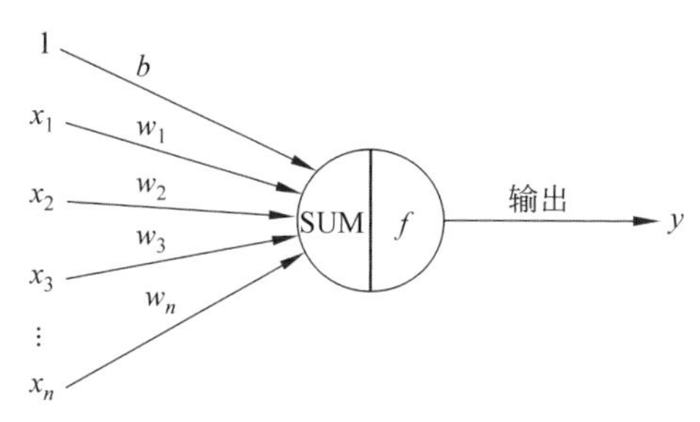

图 2-1 一个简单的神经元

其中,神经元接受外界的信号 $x_1,x_2,\cdots,x_n$ 共 n 个信号的输入,这 n 个输入信号通过传递分别获得了权重 $w_1,w_2,\cdots,w_n$,然后对其加权累积,得到总输入值 SUM。接着,将偏置 b 添加到这个总输入值上。然后,这个总输入值将被传递给激活函数 f,通过 f 的映射形成输出,y 为神经元的输出。用数学表达为公式(2-1)。激活函数(activation function)是神经网络中的非线性变换函数,它可以引入非线性特性,使神经网络不仅能拟合线性函数,还能拟合非线性函数。常见的激活函数包括 sigmoid、ReLU、tanh 等。

$$y=f\left(\sum_{i=1}^{n}\boldsymbol{w}_i\boldsymbol{x}_i+b\right) \tag{2-1}$$

可见,一个神经元的功能是求得其输入向量与权重向量的内积总和,然后加上偏置。得到的这个和被传递给一个非线性传递函数(也就是激活函数),从而得到一个标量结果。1943 年,McCulloch 和 Pitts 将上述情形抽象为图 2-1 所示的简单模型,这就是一直沿用至今的 M-P 神经元模型[3]。把许多这样的神经元按照一定的层次结构连接起来,就得到了神经网络。

单层神经网络是一种最简单的神经网络,由有限个神经元构成,所有神经元的输入向量都是同一个向量。由于每个神经元都根据输入计算出一个标量输出,所以单层神经元的输出是一个向量,向量的维数等于神经元的数目,如图 2-2 所示。

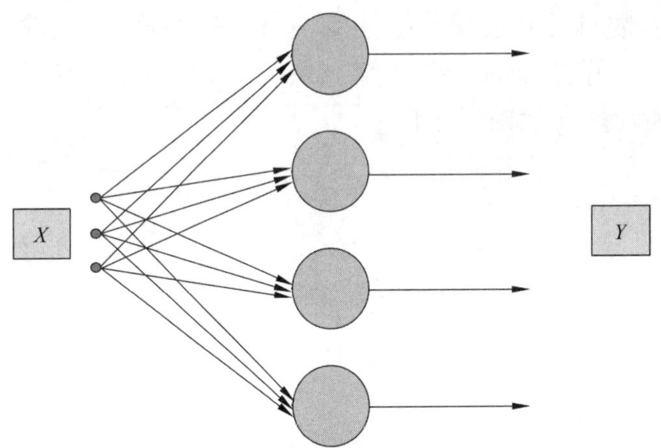

图 2-2　一个简单的单层神经网络模型

多层神经网络是由单层神经网络叠加之后得到的，所以就形成了“层”的概念，常见的多层神经网络有如下结构：

（1）输入层(input layer)，众多神经元接受大量输入消息。输入的消息称为输入向量。

（2）输出层(output layer)，消息在神经元连接中传输、分析、权衡，形成输出结果。输出的消息称为输出向量。

（3）隐藏层(hidden layer)，简称“隐层”，是输入层和输出层之间众多神经元和连接组成的各个层。隐藏层可以有一层或多层。隐藏层的节点(神经元)数目不定，增加隐藏层神经元的数量可以增加网络的容量，使其能够表示更复杂的函数。但是，如果神经元数量过多，可能会导致过拟合。

损失函数(loss function)用于衡量神经网络的预测结果与实际结果之间的差异。不同类型的任务通常会采用不同的损失函数，如回归任务常用均方误差(mean squared error)、分类任务常用交叉熵损失(cross-entropy loss)等。损失函数提供了神经网络的优化目标，神经网络在训练过程中通过最小化损失函数值来不断调整权重和偏置，以优化模型在训练数据上的性能。

为使神经网络能够“学习”好的经验并提高性能，需要训练它。深度神经网络的训练过程通常采用反向传播(backpropagation，BP)算法，该算法通过最小化神经网络的损失函数来调整网络中每个节点的权重和偏置。BP 算法将

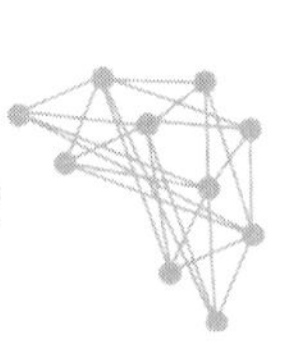

误差从输出层向输入层进行反向传播，并计算每个节点对误差的贡献，然后利用优化算法更新每个节点的权重和偏置，从而减小误差。常见的优化方法有梯度下降(gradient descent)；随机梯度下降(stochastic gradient descent，SGD)；Adam 等。

训练神经网络时，除了关注模型在训练数据上的表现，还需要关注模型在未知数据上的表现。过拟合是指模型在训练数据上表现优秀，但在未见过的数据上表现较差，为避免过拟合，可以采取以下措施：

- 增加训练数据。
- 使用数据增强(data augmentation)方法。
- 减小模型复杂度。
- 使用正则化(regularization)方法。
- 使用 dropout(随机失活)技术。
- 早停法(early stopping)。

神经网络在机器学习、计算机视觉、自然语言处理、自动驾驶等领域都有广泛应用，能够对图像、声音、语言等数据进行处理和分析，如图像识别、语音识别、自然语言处理等。

2.2.2　深度神经网络

一般而言，习惯把有两层或两层以上隐藏层的神经网络叫作深度神经网络(deep neural network，DNN)，如图 2-3 所示。深度神经网络是一种多层次的神经网络模型，它可以从数据中自动学习和提取高层次的特征，并用这些特征进行分类、回归、聚类等任务。深度神经网络具有强大的表达能力，可以对非线性问题进行建模，因此在计算机视觉、自然语言处理、语音识别等领域中取得了重大突破。

在深度神经网络中，每层包含多个神经元节点，其中前一层的输出作为后一层的输入，这种前向传播的过程如图 2-4 所示。

其中，第一层称为输入层，最后一层称为输出层，中间的层称为隐藏层。隐藏层可以有多层，每层的神经元数量不必相同。这种每相邻两层的神经元全部

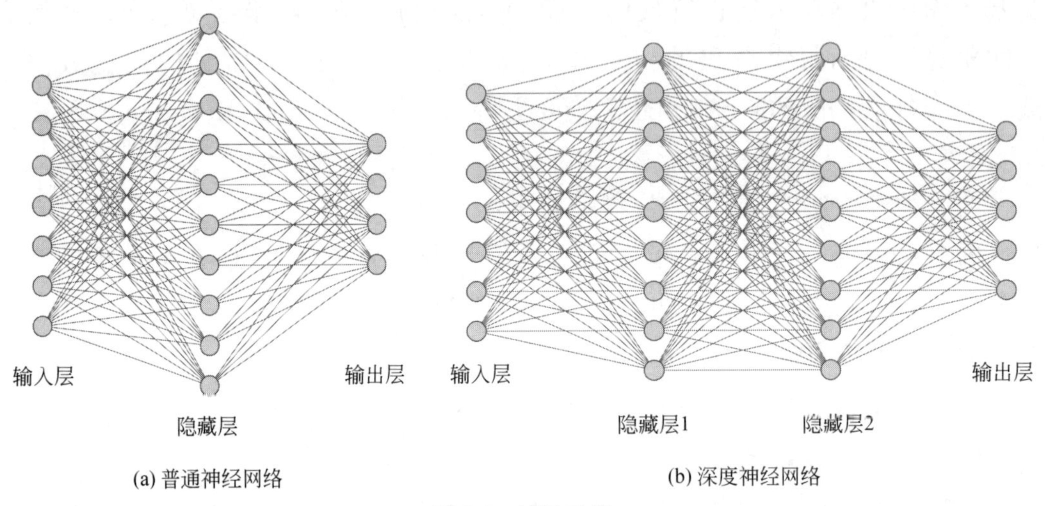

(a) 普通神经网络　　(b) 深度神经网络

图 2-3　神经网络

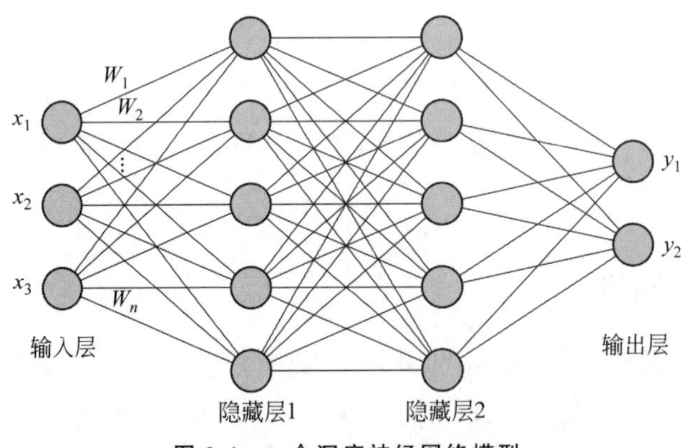

图 2-4　一个深度神经网络模型

互相连接的方式被称为全连接层。但是并非所有深度神经网络的相邻层都是全连接的。例如，在 CNN 中，就采用了局部连接和权值共享的方式。

训练深度神经网络时，通常需要执行以下步骤。

- 数据预处理：将原始数据进行预处理，如归一化、降噪等操作。
- 网络构建：根据任务需求和数据特点选择合适的网络结构和激活函数。
- 训练网络：使用反向传播算法对误差进行传播，并使用优化算法（如梯度下降、Adam 等）不断更新神经元的权重和偏置。

- 验证和调整：通过验证集或测试集验证网络的性能，并根据情况调整。
- 应用：将训练好的网络应用于实际问题中，如图像分类、物体检测、语音识别、销售额预测等。

在近年的发展中，深度学习已经发展出了许多神经网络的变体，包括卷积神经网络、循环神经网络、生成对抗网络等，下面分别介绍。

2.3　卷积神经网络概述

2.3.1　卷积神经网络

卷积神经网络（CNN）是一种常用于图像处理和计算机视觉任务的深度学习模型，是由 Yann LeCun 等人在 20 世纪 90 年代初提出的。它被广泛应用于计算机视觉领域，可以用于图像分类、目标检测、图像分割等任务。

卷积神经网络的核心思想是卷积操作。卷积操作是一种线性运算，它可以将一个函数（在计算机视觉中通常是一个图像）和另一个函数（在卷积神经网络中通常被称为卷积核）进行卷积，从而得到一个新的函数（通常称为特征图）。卷积操作可以提取输入图像的局部特征，即卷积得到的特征图，这些特征在图像的不同位置都具有类似的意义。

除了在计算机视觉中的应用，CNN 还可以应用于自然语言处理等其他领域。例如，可以将文本看作一种序列数据，使用一维卷积层提取文本的局部特征。

2.3.2　卷积神经网络的结构

卷积神经网络通常由多个卷积层（convolutional layer）、池化层（pooling layer）、全连接层（fully connected layer 或 dense layer）等组成，如图 2-5 所示。其中卷积层是卷积神经网络的核心组成部分，它对输入数据进行局部卷积操作，以提取空间特征。池化层用于降低特征图的空间大小，从而减少计算量和参数数量。全连接层用于将卷积层和池化层提取的特征整合，输出最终的预测结果[4]。

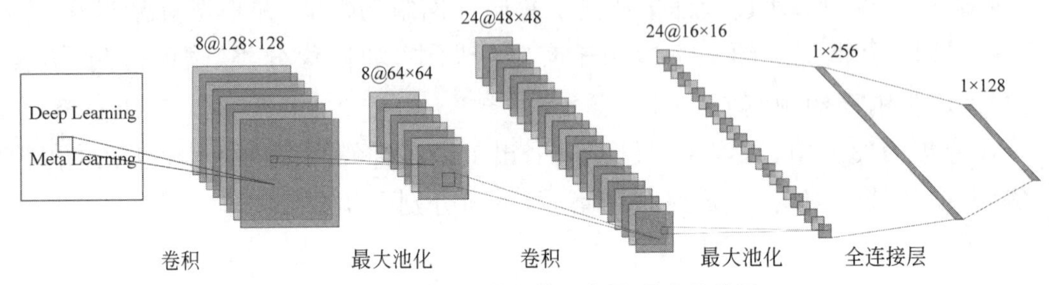

图 2-5　卷积神经网络结构示意图(见文前彩图)

1）输入层

卷积神经网络的输入层可以处理多维数据，常见地，一维卷积神经网络(1D-CNN)通常用于处理序列数据，如音频信号、文本数据或时间序列数据。这些数据可以表示为一维数组(如时间序列)或二维数组(如多通道的时间序列)。二维卷积神经网络(2D-CNN)通常用于处理图像数据。这些数据通常表示为二维数组(灰度图像)或三维数组(彩色图像)。三维卷积神经网络(3D-CNN)通常用于处理视频数据，这些数据可以表示为四维数组[5]。例如，一个视频可以表示为四维(帧数、高度、宽度、通道)数组。

与其他的神经网络算法类似，由于使用梯度下降算法进行学习，卷积神经网络的输入特征需要进行标准化处理。具体地，在将学习数据输入卷积神经网络前，需要对输入数据进行归一化，若输入数据为像素，可将原始像素值归一化至[0,1]或者[−1,1]区间。输入特征的标准化有利于提升卷积神经网络的学习效率和表现。

2）隐藏层

卷积神经网络的隐藏层通常包含卷积层、池化层和全连接层，一些更为现代的算法中可能有 Inception 模块、残差块(residual block)等复杂层，它们共同负责提取输入数据的特征，执行分类或其他任务。在常见的神经网络模型中，卷积层和池化层为卷积神经网络所特有。卷积层中的卷积核包含权重系数，而池化层不包含权重系数，因此在一些文献中，池化层可能不被认为是独立的层，而本书将池化层看作独立的层。以 LeNet-5 为例，各层在隐藏层中的顺序通常为：

卷积层—池化层—卷积层—池化层—全连接层—全连接层—全连接层，如图 2-6 所示。

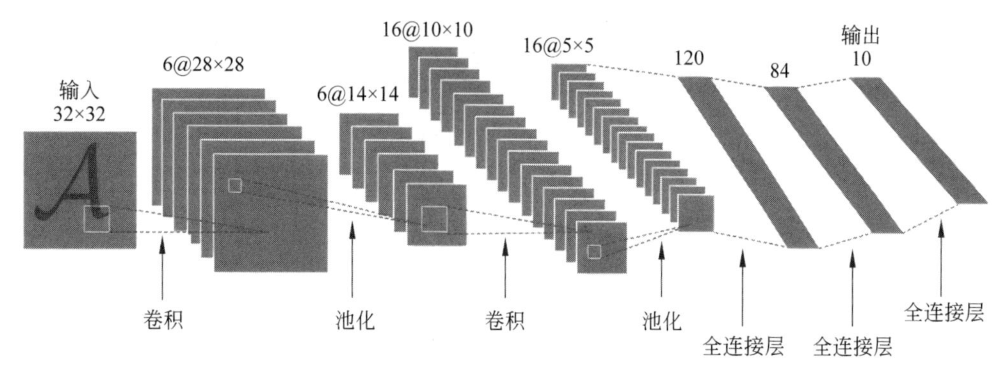

图 2-6　LeNet-5 经典结构

LeNet-5 的经典结构一共有 7 层(不包含输入层)，分别是 2 个卷积层、2 个池化层、3 个全连接层(其中最后一个全连接层为输出层)，分别介绍如下。

1) 卷积层

卷积层的主要作用是对输入的图像进行特征提取。卷积层内部包含多个卷积核，卷积核是一个小型矩阵，其主要功能是在输入数据(通常是图像)上进行局部相关运算，以提取特定特征。卷积核的大小、形状(形状通常固定为正方形)和值对于特征提取至关重要。组成卷积核的每个元素都对应一个权重系数和一个偏差量，权重系数和偏差量是从数据中学习得到的，卷积核覆盖的区域或者说卷积核的大小被称为“感受野(receptive field)”。

对于输入的数据，卷积运算以一定间隔滑动卷积核的窗口并计算。将卷积核放置在输入数据的左上角，确保卷积核与输入数据局部区域对齐，将卷积核各个位置上的元素和输入的对应元素相乘，然后再求和(有时将这个计算称为乘积累加运算)，得到一个数值，该数值是卷积操作的输出结果，表示卷积核在此局部区域内提取到的特征值。根据设定的步幅，将卷积核沿输入数据平面水平或垂直移动，重复乘积累加运算，然后将所有计算得到的特征值组成一个新的矩阵，称为特征映射(feature map)或卷积层的输出，如图 2-7 所示。

进行卷积层的处理之前，要进行初始化，即定义一个卷积核(大小和形状由

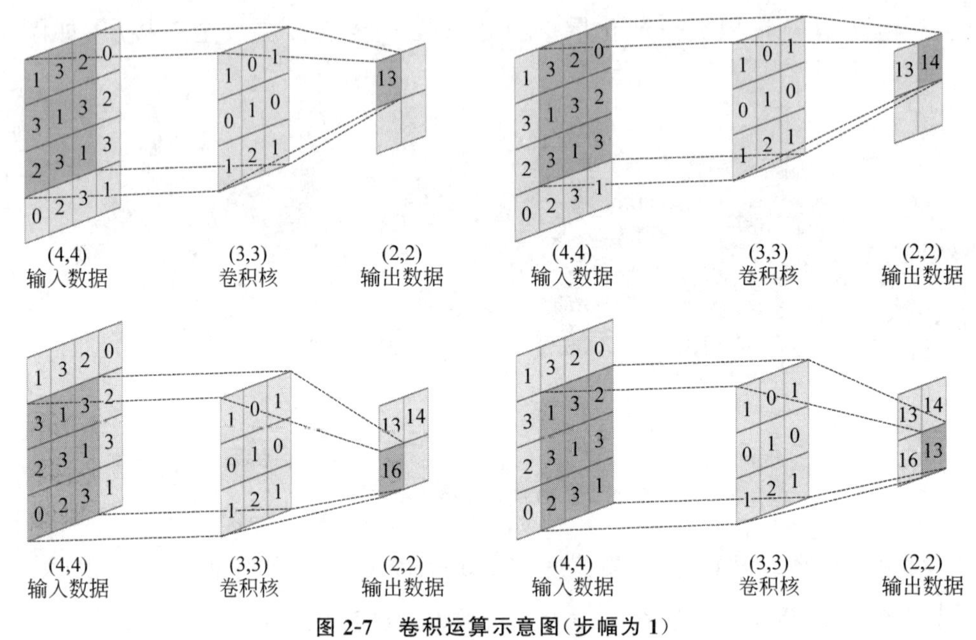

图 2-7　卷积运算示意图（步幅为 1）

实际问题确定），并确定步幅（stride）和填充（padding）。

有时要向输入数据的周围填入固定的数据（比如 0 等），称为填充，这是卷积运算中经常用到的一种处理方法，如图 2-8 所示。

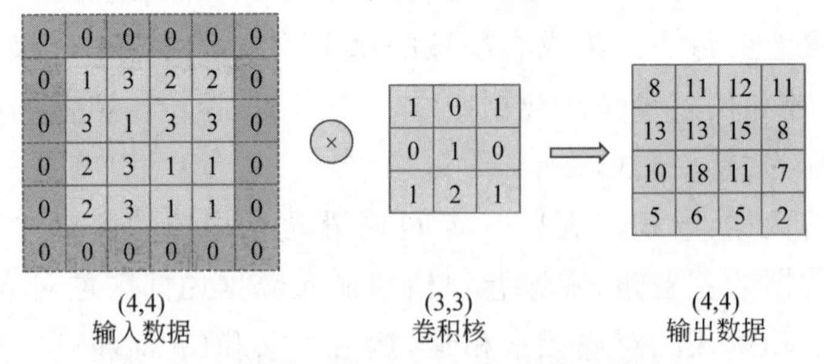

图 2-8　卷积运算的填充处理（向输入数据的周围填入 0）

使用填充的主要作用和目的有以下几点。

(1) 保持空间尺寸。在卷积操作中，通过对输入数据进行填充，可以使输出特征图的尺寸与输入数据的尺寸保持一致或相近。这对于在多层卷积神经网络中避免特征图尺寸过快缩小非常有帮助，从而允许网络更深层次地学习输入数据的特征。

(2) 避免信息损失。在卷积操作中,如果不使用填充,那么接近边界的像素点在卷积过程中将被少量的卷积核覆盖,这可能导致边界区域的信息损失。通过填充,可以确保边界像素点也能够充分地参与卷积运算,从而保留更多的图像信息。这有助于捕捉图像边缘和角落的特征,提高模型的性能。

(3) 控制特征图尺寸。填充允许在一定程度上控制输出特征图的尺寸。通过调整填充大小,可以在不改变卷积核大小和步幅的情况下获取所需尺寸的输出特征图。这可以用于满足特定架构需求,例如,当连接多个卷积层时确保特征图尺寸匹配。

移动卷积核的位置间隔称为步幅。如图 2-9 所示,应用卷积核的窗口的间隔为 1 个元素。

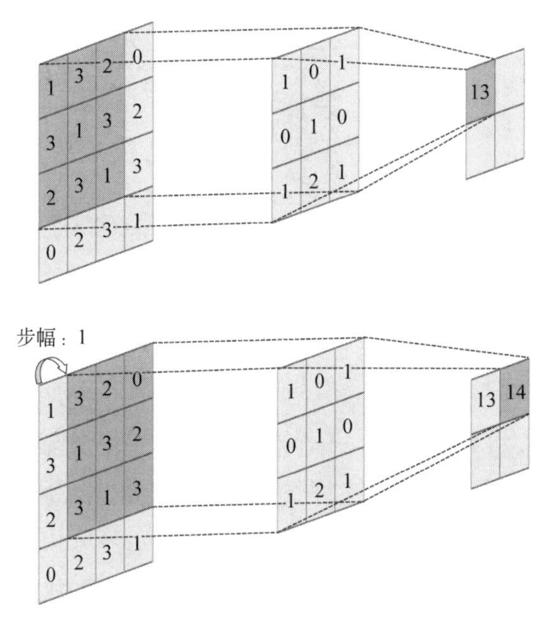

图 2-9　步幅为 1 的卷积运算的例子

对输入大小为(4,4)的数据,以步幅 1 应用了大小为(3,3)的卷积核,输出大小为(2,2)。注意增大步幅后,输出会变小。

上文的卷积操作示例主要关注二维空间(即高度和宽度方向)。然而,实际的图像数据通常具有三维形状,包括高度、宽度以及通道方向。处理图像时,卷积操作需要在这三个维度上进行计算。图 2-10 是三维数据进行卷积运算的例子,展示了卷积运算的过程。

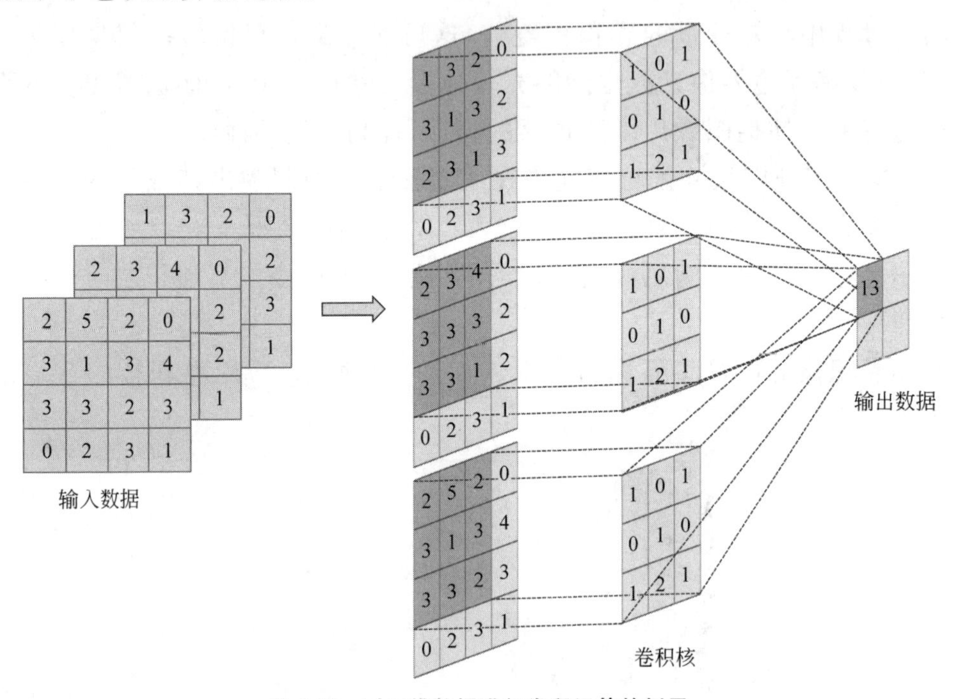

图 2-10　对三维数据进行卷积运算的例子

需要注意的是,在三维数据的卷积运算中,输入数据和卷积核的通道数要设为相同的值。对于具有多通道的输入数据,需要在每个通道上分别进行卷积运算。执行卷积计算后,将每个通道的结果相加,从而得到输出特征图。

每个卷积核都负责产生一张特征图。在卷积核之后,通常会定义一个激活函数。卷积神经网络中常用的激活函数是 ReLU,它可以有效地解决梯度消失问题,并加速训练过程。当然,在实际任务中,也可能使用其他激活函数,或者不使用激活函数,具体取决于任务需求。这些激活函数有助于引入非线性,使神经网络能够捕捉更复杂的数学关系。

2）池化层

池化是一种可以在减少数据处理量的同时尽可能保留有用的信息的运算,如图 2-11 所示。

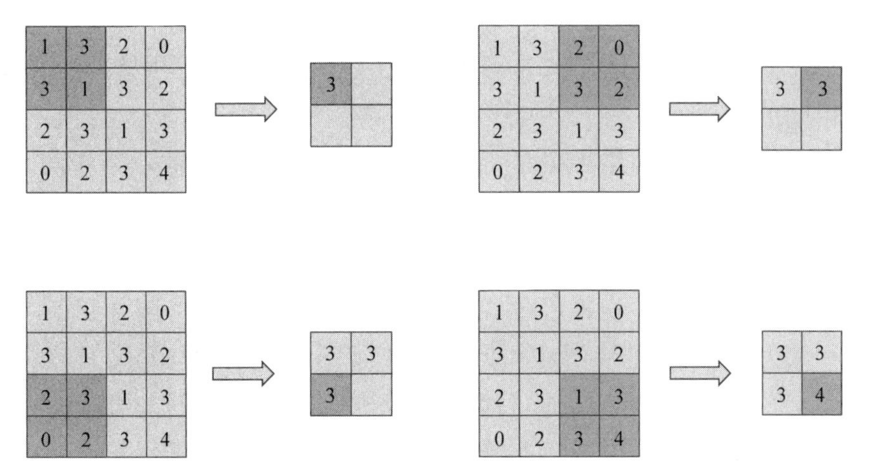

图 2-11　最大池化的处理顺序

图中展示了一个具体示例，对尺寸为 4×4 的图像进行步幅为 2 和池化模板为 2×2 的最大池化操作。在这个过程中，图像被划分为 2×2 的小区域，然后从每个区域中提取最大值，作为合并后的像素值。最大池化操作可以获取区域内的最大值。

采用 $n \times n$ 的池化模板进行步幅为 n 的最大池化操作，相当于对图像进行下采样，将其尺寸缩减为原来的 $1/n$。例如，对 28×28 的图片，采用 4×4 的池化模板进行步幅为 4 的最大池化操作，得到的图片尺寸为 7×7。

最大池化在缩小图像的同时保留了图像的主要轮廓，进一步提取更高层次、更抽象的信息。通常，池化的窗口大小和步幅设置为相同的值。例如，3×3 的窗口步幅设为 3，4×4 的窗口步幅设为 4 等，以避免池化操作的重叠。

除了最大池化外，还有平均池化等。相对于最大池化是从目标区域中取出最大值，平均池化则是计算目标区域的平均值。在图像识别领域，一般使用最大池化较多。

池化层有以下特征。

（1）没有要学习的参数：池化层和卷积层不同，没有要学习的参数。池化只是从目标区域中取最大值（或平均值），所以不存在要学习的参数。

（2）通道数不发生变化：经过池化运算，输入数据和输出数据的通道数不会变化，计算是按通道独立进行的。

(3) 对微小的位置变化具有鲁棒性(健壮)：输入数据发生微小偏差时，池化仍会返回相同的结果。

池化层在卷积神经网络中并不是一个必需的组件，目前一些新的卷积网络中就没有池化层的出现。

3）全连接层

全连接层通常位于卷积神经网络的最后阶段，主要是将前面层提取的特征进行组合和映射。在全连接层中，原先的特征图会被打散，失去其空间拓扑结构，并被转化为一维向量，然后通过激活函数进行进一步的转化。全连接层的输出可以传递给其他全连接层或直接作为网络的最终输出。

卷积神经网络中的卷积层和池化层能够对输入数据进行特征提取，全连接层的作用则是对提取的特征进行非线性组合，以得到输出。

2.3.3 卷积神经网络的训练

卷积神经网络通常用于监督学习任务，训练过程与传统的人工神经网络相似。首先，从训练集中取出样本，输入网络，经过逐级变换传送到输出层，如图 2-12 所示。

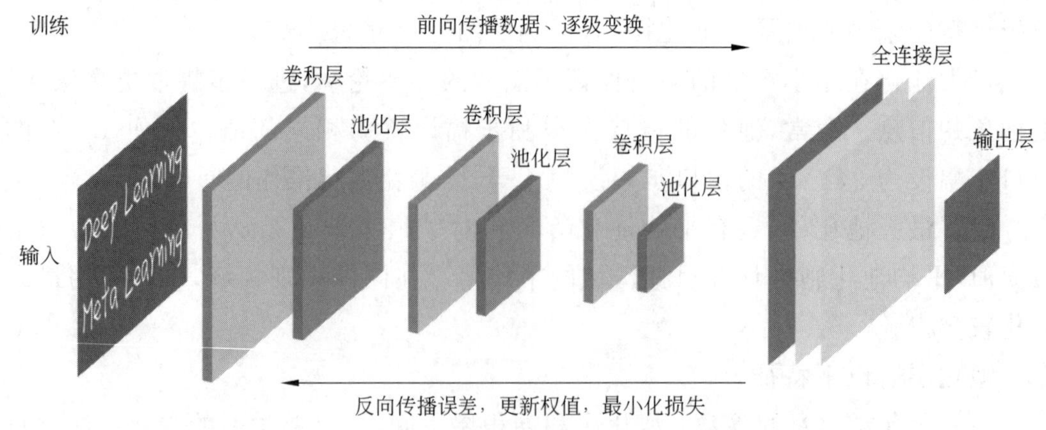

图 2-12 卷积神经网络的训练(见文前彩图)

计算输出层与样本标签之间的误差，然后反向传播误差，采用梯度下降法更

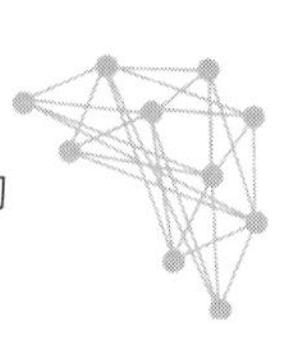

新权值，最小化损失，反复迭代，在网络收敛并达到预期的精度后结束训练。

2.3.4　VGG——卷积神经网络的代表性网络

VGG 网络是一种深度卷积神经网络，由牛津大学视觉几何组的研究者开发。它在 2014 年 ILSVRC 比赛中取得了分类任务第二名和定位任务第一名，其主要贡献是提出了使用非常小的卷积核来增加网络深度的思想，同时在实现上使用了非常深的网络结构，被广泛应用于图像识别和分类任务中。

VGG 网络有几个不同版本，最初的 VGG16 网络结构包含 16 个卷积层和 3 个全连接层，如图 2-13 所示。后来的 VGG19 网络结构则包含 19 个卷积层和 3 个全连接层。下面以 VGG16 为例详细讲解。

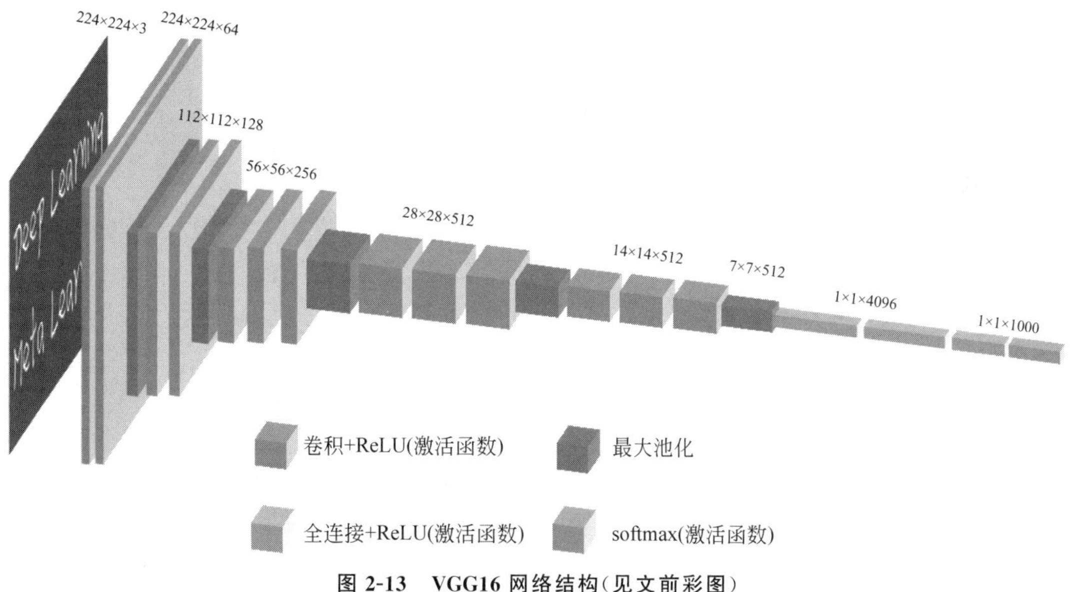

图 2-13　VGG16 网络结构（见文前彩图）

（1）输入层：VGG16 网络的输入层接受的是 224×224×3 大小的图像，即 RGB 三通道的 224×224 的图像。

（2）卷积层：网络包含 13 个卷积层，每个卷积层都使用 3×3 大小的卷积核进行卷积操作，这些卷积层的输出通道数依次为 64、64、128、128、256、256、256、512、512、512、512、512、512。

（3）池化层：每一组卷积层后都接一个 2×2 大小的最大池化层，来对特征图进行下采样，同时减少模型参数数量。

（4）全连接层：网络的最后三层是全连接层，前两层包含 4096 个神经元，最后一层包含 1000 个神经元，对应 ImageNet 上 1000 个类别的分类结果。

（5）激活函数：除了最后一层全连接层使用 softmax 激活函数，网络中的所有卷积层和全连接层都使用 ReLU 激活函数。

下面是一个使用 VGG16 模型对 MNIST 数据集进行手写数字分类的例子。为了降低计算复杂度和内存需求，使模型能在有限计算资源的设备上运行，下面对 VGG16 网络进行了一定程度的简化。

首先，导入所需的库，代码如下。

```
import os
import numpy as np
from keras.datasets import mnist
from keras.utils.np_utils import to_categorical
from keras.models import Sequential
from keras.layers import Input, Dropout, Flatten, Conv2D, MaxPooling2D, Dense,
Activation, Reshape
from keras.optimizers import RMSprop
from keras.callbacks import ModelCheckpoint, Callback, EarlyStopping
from keras.utils import np_utils
```

接下来设置环境变量，以选择 GPU 设备，代码如下。

```
os.environ['CUDA_VISIBLE_DEVICES'] = '2'
```

然后加载 MNIST 数据集，并将其划分为训练集和测试集，代码如下。

```
(x_train, y_train), (x_test, y_test) = mnist.load_data()
x_train = x_train.astype('float32')
x_test = x_test.astype('float32')
y_train_onehot = to_categorical(y_train, num_classes=None, dtype='float32')
y_test_onehot = to_categorical(y_test, num_classes=None, dtype='float32')
print("Train Set Size = {} images".format(y_train.shape[0]))
print("Test Set Size = {} images".format(y_test.shape[0]))
```

接着定义一个简化版的 VGG16 模型，使其适应 MNIST 数据集（28×28 图像），代码如下。

```
def vgg16_model():
    model = Sequential()
    model.add(Reshape((28, 28, 1)))             #调整输入数据的形状
    #卷积层
    model.add(Conv2D(64, (3, 3), padding='same', input_shape=((28, 28, 1)),
    activation='relu'))
    model.add(Conv2D(64, (3, 3), padding='same', activation='relu'))
    model.add(MaxPooling2D(data_format="channels_last", pool_size=(2, 2)))
    #卷积层
    model.add(Conv2D(128, (3, 3), padding='same', activation='relu'))
    model.add(Conv2D(128, (3, 3), padding='same', activation='relu'))
    model.add(MaxPooling2D(data_format="channels_last", pool_size=(2, 2)))
    #最大池化层
    #卷积层
    model.add(Conv2D(256, (3, 3), padding='same', activation='relu'))
    model.add(Conv2D(256, (3, 3), padding='same', activation='relu'))
    model.add(Conv2D(256, (3, 3), padding='same', activation='relu'))
    model.add(MaxPooling2D(data_format="channels_last", pool_size=(2, 2)))
    #最大池化层
    #卷积层
    model.add(Conv2D(512, (3, 3), padding='same', activation='relu'))
    model.add(Conv2D(512, (3, 3), padding='same', activation='relu'))
    model.add(Conv2D(512, (3, 3), padding='same', activation='relu'))
    model.add(MaxPooling2D(data_format="channels_last", pool_size=(2, 2)))
    #最大池化层
    #卷积层
    model.add(Conv2D(512, (3, 3), padding='same', activation='relu'))
    model.add(Conv2D(512, (3, 3), padding='same', activation='relu'))
    model.add(Conv2D(512, (3, 3), padding='same', activation='relu'))
    model.add(Flatten())                         #将多维数据展平成一维
    model.add(Dense(256, activation='relu'))     #全连接层
    model.add(Dropout(0.5))                      #防止过拟合的 dropout 层
    model.add(Dense(256, activation='relu'))     #全连接层
```

```
    model.add(Dropout(0.5))                  #防止过拟合的 Dropout 层
    model.add(Dense(10))                     #输出层,共 10 个类别
    model.add(Activation('softmax'))         #激活函数为 softmax,用于多分类
    model.compile(loss='binary_crossentropy', optimizer=RMSprop(learning_
    rate=1e-4), metrics=['accuracy'])        #编译模型,使用二元交叉熵作为损失函数
    return model
```

创建 VGG16 模型,代码如下。

```
model = vgg16_model()
```

使用训练数据训练模型,设置批量大小为 128,训练 5 个周期,并将训练集的 25%划分为验证集,代码如下。

```
history = model.fit(x_train, y_train_onehot, batch_size=128, epochs=5,
validation_split=0.25, verbose=1, shuffle=True)
```

最后评估模型在测试集上的性能,并输出准确率,代码如下。

```
scores = model.evaluate(x_test, y_test_onehot, verbose=2)
print("Accuracy: %.2f%%" % (scores[1] * 100))
```

这段代码实现了使用简化版的 VGG16 模型对 MNIST 数据集进行手写数字分类的任务。首先导入了所需的库,并设置环境变量,以选择 GPU 设备。接着加载 MNIST 数据集,并将其划分为训练集和测试集。之后定义了一个简化版的 VGG16 模型,并编译它,使其适应 MNIST 数据集(28×28 图像)。创建模型后,使用训练数据训练模型,设置批量大小为 128,训练 5 个周期,并将训练集的 25%划分为验证集。最后评估模型在测试集上的性能,并输出准确率。

2.4 循环神经网络

2.4.1 循环神经网络概念

循环神经网络(recurrent neural network,RNN)是一种基于神经网络的模型,用于处理序列数据。与传统的神经网络模型不同,RNN 模型可以使用相同

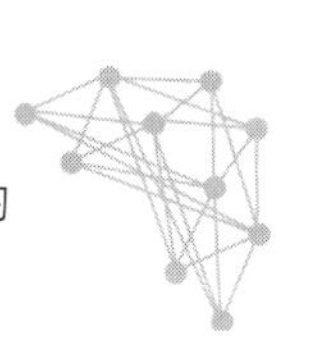

的参数来处理不同长度的输入序列，并且能够捕捉到序列数据中的时间依赖关系。

RNN 模型的核心思想是引入一个循环的隐藏状态。每次处理一个新的输入时，隐藏状态会被更新并保存在网络中，作为下一次处理的输入的一部分。这种方式允许 RNN 模型"记忆"先前的输入，并将这些信息传递到后续的计算中。这种记忆性质使得 RNN 模型非常适合处理与时间相关的序列数据，如语音识别、机器翻译、文本生成等任务[6]。

之前学习的神经网络模型可以处理单独的一个一个的输入。但是，当处理序列信息时，即前面的输入跟后面的输入是有关系的，之前学习的神经网络模型就无法实现了。以自然语言处理中的一个词性标注任务来看，将"我爱学习"这句话进行词性标注时，"学习"这个词既可以当名词，也可以当动词，单独标注的话很难确定。为了解决这样类似的问题，更好地处理序列的信息，RNN 就诞生了。用循环神经网络处理上述问题时，RNN 首先处理"爱"，将其识别为一个动词。然后，处理"学习"这个词时，RNN 会记住之前的信息，即"爱"被处理为动词。由于"学习"紧跟在动词"爱"之后，根据语法规则，"学习"很有可能是一个名词。RNN 利用上文信息来确定"学习"的词性。

RNN 模型通常由 3 个部分组成：输入层、隐藏层和输出层。输入层接受来自外部的输入序列，隐藏层保存了一个循环的状态，而输出层则生成与输入序列相对应的输出序列，如图 2-14 所示。

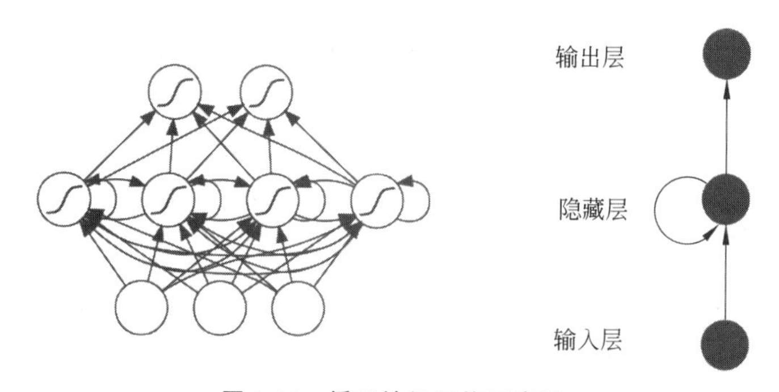

图 2-14　循环神经网络示意图

下面来看一下 RNN 在单个时间步 t 是如何工作的。在时间步 t，RNN 接收两个输入：一个是当前的输入 x_t，另一个是前一时间步的隐藏状态 s_{t-1}。这两个输入通过各自的权重矩阵($\boldsymbol{U}$ 和 $\boldsymbol{W}$)进行加权求和，然后通过一个激活函数 f(如 sigmoid 或 tanh)进行非线性转换，得到当前时间步的隐藏状态 s_t。这个隐藏状态 s_t 是 RNN 的"记忆"，包含了到当前时间步为止的历史信息。然后，这个隐藏状态 s_t 通过另一个权重矩阵 **V** 和激活函数 g(如 softmax)转换，生成当前时间步的输出 o_t。这个过程在每个时间步都会重复，使得 RNN 能够在处理序列数据时利用过去的信息来影响现在的输出，如图 2-15 所示。

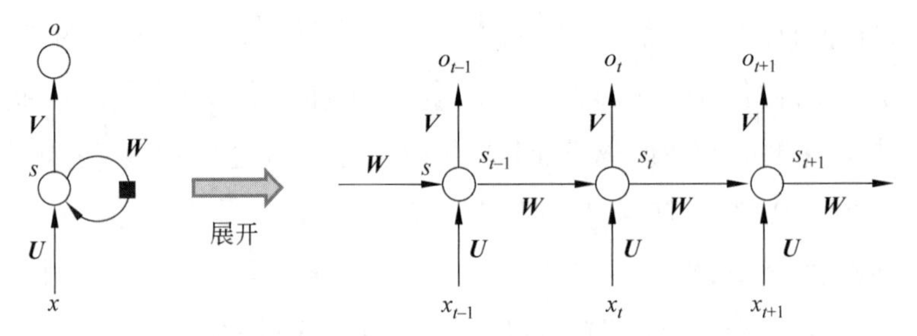

图 2-15　将循环神经网络按时间线展开示意图

用公式表示如下：

$$
\begin{aligned}
o_t &= g(\boldsymbol{V} \cdot s_t) \\
s_t &= f(\boldsymbol{U} \cdot x_t + \boldsymbol{W} \cdot s_{t-1})
\end{aligned}
\tag{2-2}
$$

值得注意的是，权重矩阵 $\boldsymbol{U}$、$\boldsymbol{V}$ 和 $\boldsymbol{W}$ 在网络的所有时间步骤中是共享的，这意味着无论处理序列中的哪个时间步，都是使用相同的权重进行计算。

总之，RNN 模型通过使用循环状态来捕捉序列数据中的时间依赖关系，是一种有效的序列建模工具。

2.4.2　长短期记忆(LSTM)网络

传统的循环神经网络处理长序列数据时面临着一个关键问题，就是难以捕捉相距较远的输入之间的依赖关系。以预测句子 I grew up in China，…，I speak fluent ? 中空缺的词为例。根据当前的信息，下一个词很可能是一种语言名称。然而，为了确定具体是哪种语言，需要回溯到距离当前位置较远的地方，也就是

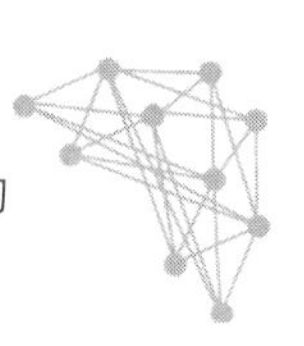

句子中的China。这意味着循环神经网络需要在相对较大的距离内学习到相关信息，但是由于梯度消失问题，这成为了一大挑战。长短期记忆（LSTM）网络正是为了解决这一问题而诞生的。

LSTM作为RNN的一种变体，在应对梯度消失问题方面具有显著优势，使其在处理序列数据上得到了广泛应用[7]。LSTM的独特之处在于其核心组件——记忆细胞（cell state），这种特殊结构与隐藏状态具有相同的形状（向量维度）。记忆细胞的主要作用是存储长期依赖关系信息。

此外，LSTM还引入了3个门控机制，分别为输入门（input gate）、遗忘门（forget gate）和输出门（output gate）。这些门控机制负责调节信息流动，从而实现对信息的输入、存储和输出的控制，有效捕捉并记忆长期依赖关系[8]。

（1）输入门：输入门由一个sigmoid层和一个tanh层组成。sigmoid层输出值为[0,1]，这表示每个信息的重要性，值越接近1的信息越重要。tanh层将输入信息压缩到[−1,1]，表示信息的实际值。最后，这两个输出相乘，只保留重要的信息，得到更新后的输入信息。

（2）遗忘门：遗忘门决定哪些信息应该从记忆单元中移除。遗忘门包括一个sigmoid层，其输出值为[0,1]，表示需要遗忘的信息的比例。遗忘门的输出与上一时刻的记忆单元相乘，然后再与从输入门得到的信息相加，从而得到更新后的记忆单元。

（3）输出门：输出门决定哪些信息从记忆单元中传递到输出。输出门包括一个sigmoid层和一个tanh层。sigmoid层输出值为[0,1]，表示输出信息的重要性；tanh层将当前的记忆单元状态信息压缩到[−1,1]，表示信息的实际值。最后，这两个输出相乘，得到筛选后的输出信息。

（4）记忆细胞：记忆细胞是LSTM的核心部分，它在整个序列的时间步中持续存在，用于存储和保持长期的信息。记忆细胞的状态通过门控机制更新，可以添加新的信息，也可以遗忘无用的信息。

LSTM模型的结构如图2-16所示。

LSTM在许多领域都有广泛的应用。例如，在自然语言处理中，LSTM可以用于机器翻译和文本生成；在时间序列预测中，LSTM 可以用于股票价格预测等。

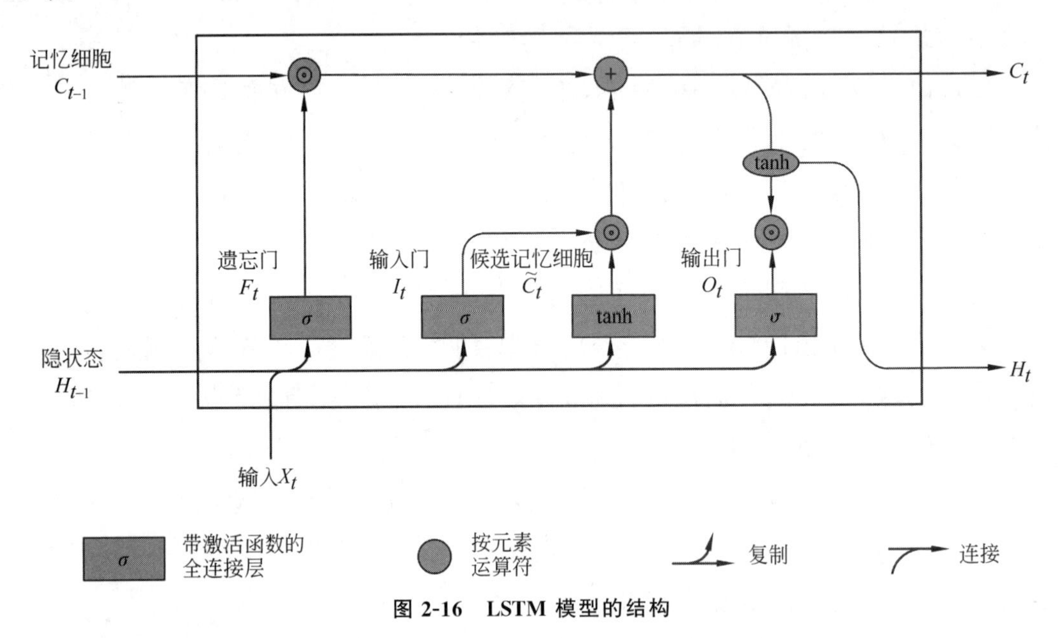

图 2-16 LSTM 模型的结构

2.5 生成对抗网络

生成对抗网络(GAN)是一种机器学习模型，旨在生成与给定数据集相似的新数据。顾名思义，生成对抗网络是生成模型的一种，而它的训练则是处于一种对抗博弈状态中。GAN 由两个模型组成，一个是生成模型，也称为生成器(generator)，一个是判别模型，也称为判别器(discriminator)。生成器试图生成新数据，而判别器试图确定给定的数据是原始数据还是生成器生成的数据[8]。

GAN 的核心思想是通过对抗性地训练生成器和判别器这两个模型来创建新的数据。在这个过程中，生成器将输入随机噪声，并试图生成看起来像真实数据的输出。而判别器的任务则是识别这些输出是否为生成器生成的假数据。二者在训练过程中互相对抗，生成器尝试生成越来越逼真的数据，以欺骗判别器，判别器则努力提高判断能力，以更准确地区分真实数据和生成的假数据。这种对抗过程使得生成器最终能够生成越来越逼真的数据[10]。图 2-17 是一个生成手写字的 GAN 结构。

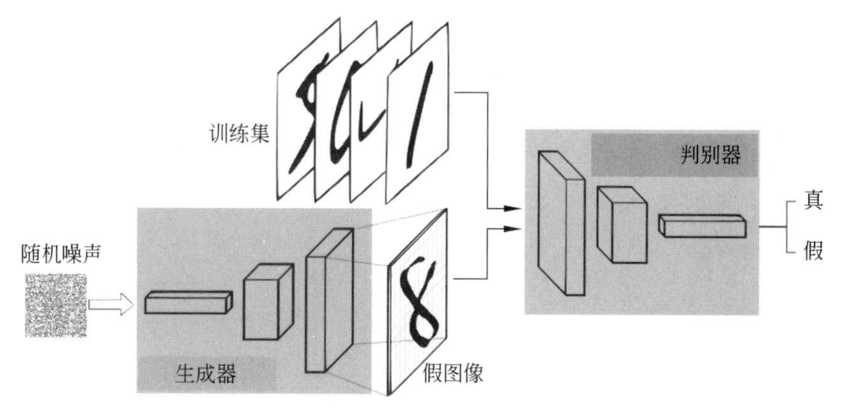

图 2-17　GAN 基本结构

假如现在拥有大量手写数字的数据集,希望通过 GAN 生成一些能够以假乱真的手写字图片。这个过程主要由如下两个部分组成。

(1) 定义一个模型来作为生成器,能够输入一个向量,输出手写数字大小的像素图像。

(2) 定义一个模型来作为判别器,用来判别图片是真的还是假的(或者说是来自数据集中的还是生成器中生成的),输入为手写图片,输出为判别图片的标签。

2.5.1　生成器

GAN 中的生成器是一种神经网络,给定一组随机的值,通过一系列非线性计算产生真实的图像。该生成器产生假图像 fake image,其中随机向量 $\boldsymbol{Z}$ 服从多元高斯分布采样,如图 2-18 所示。

生成器的作用如下。

(1) 欺骗的判别器。

(2) 产生逼真的图像。

(3) 随着训练过程的完成,实现高性能生成效果。

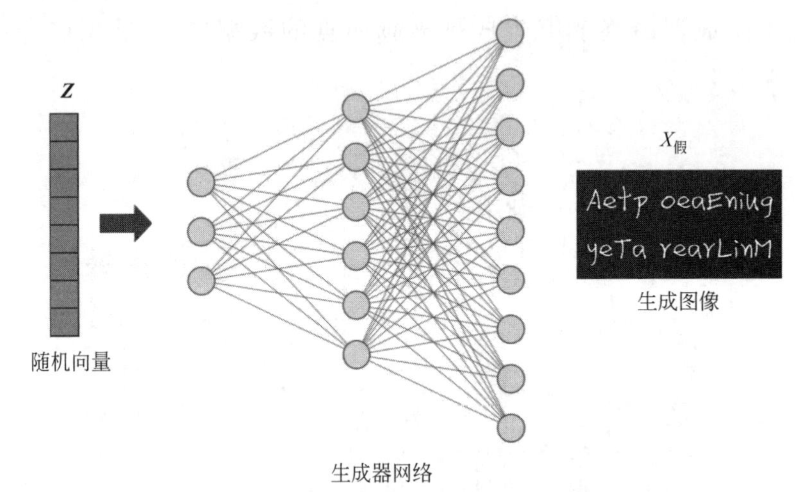

图 2-18 以随机向量为输入生成假数字图像的生成器

2.5.2 判别器

判别器基于判别建模的概念,试图用特定的标签对数据集中的不同类进行分类,如图 2-19 所示。因此,本质上它是一个二值分类问题。此外,判别器对观察结果的分类能力不仅限于图像,还包括视频、文本和许多其他领域(多模态)。

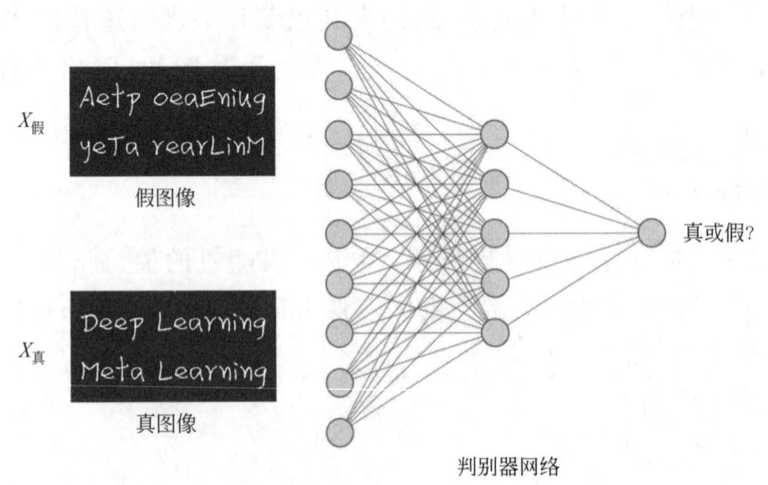

图 2-19 判别器试图将生成器生成的图像分类为真假

在 GAN 中,判别器的主要作用是执行一个二值分类任务,即区分真实图像

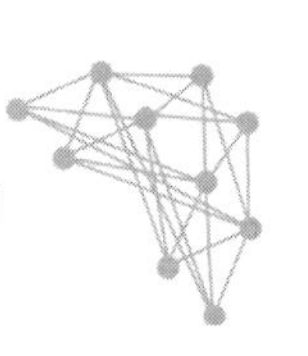

和生成器产生的假图像。为了有效地完成这个任务，判别器会在训练过程中不断学习，并更新其参数或权重。最初，GAN 判别器主要使用全连接层，然而，2015 年，深度卷积生成对抗网络（DCGAN）的出现表明，卷积层在 GAN 中的性能要优于全连接层。因此，训练 GAN 时，卷积层已被证明能够更有效地区分真实图像和生成器产生的假图像。

2.5.3　训练过程

将一组真假图像表示为 X。给定真图像（$X_{真}$）和假图像（$X_{假}$），判别器是一种二值分类器，它试图将图像区分为真假。

GAN 中生成器和判别器的训练是交替进行的。第 1 步如下。

① 由生成器生成的图像（$X_{假}$）和原始图像（$X_{真}$）首先传递给判别器。判别器对这些图像进行预测，生成一个概率分数（X_{pred}）来判断图像是真是假。

② 接下来，将预测结果和真实结果{0：假，1：真}进行比较，并计算二值交叉熵（binary cross entropy，BCE）的损失。

③ 然后，损耗（或梯度）只在判别器中反向传播，并相应地优化其参数。

第 2 步如下。

① 使用同一批在第一步中生成器生成的图像（$X_{假}$），这些图像再次通过判别器。

② 输出一个预测（X_{pred}）。

③ 计算 BCE 损耗。

不过，这次的计算与第一步有所不同。因为我们希望生成器能生成尽可能接近真实分布的图像，所以将所有的真实标签都设为“真实”或 1。因此，这次的损失会在生成器中反向传播，目的是让生成器更好地欺骗判别器，使判别器相信生成器生成的图像是真实的。

第 3 步如下。重复步骤 1～步骤 2，直到生成的数据能够欺骗判别器，使其无法准确识别真假数据为止，如图 2-20 所示。

需要注意的是，为了生成逼真的图像，判别器必须对生成器产生的假图像给予引导（通过生成器反向传播假图像的损失）。因此，这两个网络都需要足够强大。然而，如果存在以下两种情况：

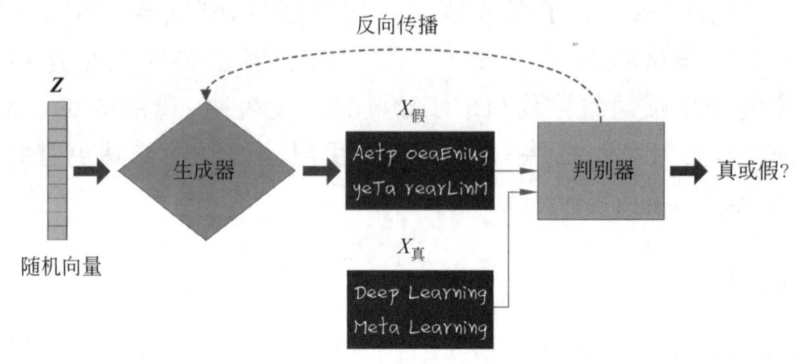

图 2-20 GAN 的训练过程

① 判别器是一个弱分类器，那么即使生成器产生的图像质量不佳，判别器也会将其误判为真实图像。最终的结果是生成器会产生质量较差的图像。

② 如果生成器较弱，它将无法欺骗判别器，因为它不能产生接近真实数据分布的图像。

因此，在训练生成对抗网络时，为了获得高质量的生成图像，需要确保生成器和判别器之间的平衡，使两者在对抗过程中达到良好的协同作用。

训练这样的网络时，交叉熵函数是显而易见的选择。而且，这里处理的是一个二值分类问题，所以使用了 BCE 函数，即公式(2-3)。

$$L(\hat{y}, y) = -\frac{1}{N}\sum_{i=1}^{N}[y_i \log \hat{y}_i + (1-y_i)\log(1-\hat{y}_i)] \tag{2-3}$$

2.5.4 小结

GAN 可以应用于多个领域，包括图像处理、语音合成、自然语言处理等。在图像处理领域，GAN 可以生成逼真的图片，修复照片等。在自然语言处理领域，GAN 可以生成新的文章、对话等。

尽管 GAN 可以生成逼真的数据，但也存在一些问题。其中一个问题是训练过程的不稳定性。由于生成器和判别器是相互对抗的，训练过程容易出现模式崩溃和模式振荡等问题。此外，由于 GAN 是一种无监督学习算法，因此很难评估生成模型的性能，以及生成的数据与真实数据之间的相似度。这些问题需要进一步研究和改进，以使 GAN 更加实用有效。

2.6　Transformer 及扩散模型

Transformer 是一种基于自注意力（self-attention）机制的深度学习架构，被广泛应用于自然语言处理（natural language processing，NLP）任务，如机器翻译、文本分类、问答系统等。Transformer 模型使用自注意力机制来捕捉序列中不同位置之间的依赖关系，因此能够捕捉长距离依赖[11]。

Transformer 模型由编码组件（encoders）和解码组件（decoders）组成，通常用于序列到序列（sequence-to-sequence）学习任务，如机器翻译和文本摘要。编码组件和解码组件都由多个堆叠的 transformer 模块组成[11]。Transformer 的架构如图 2-21 所示。

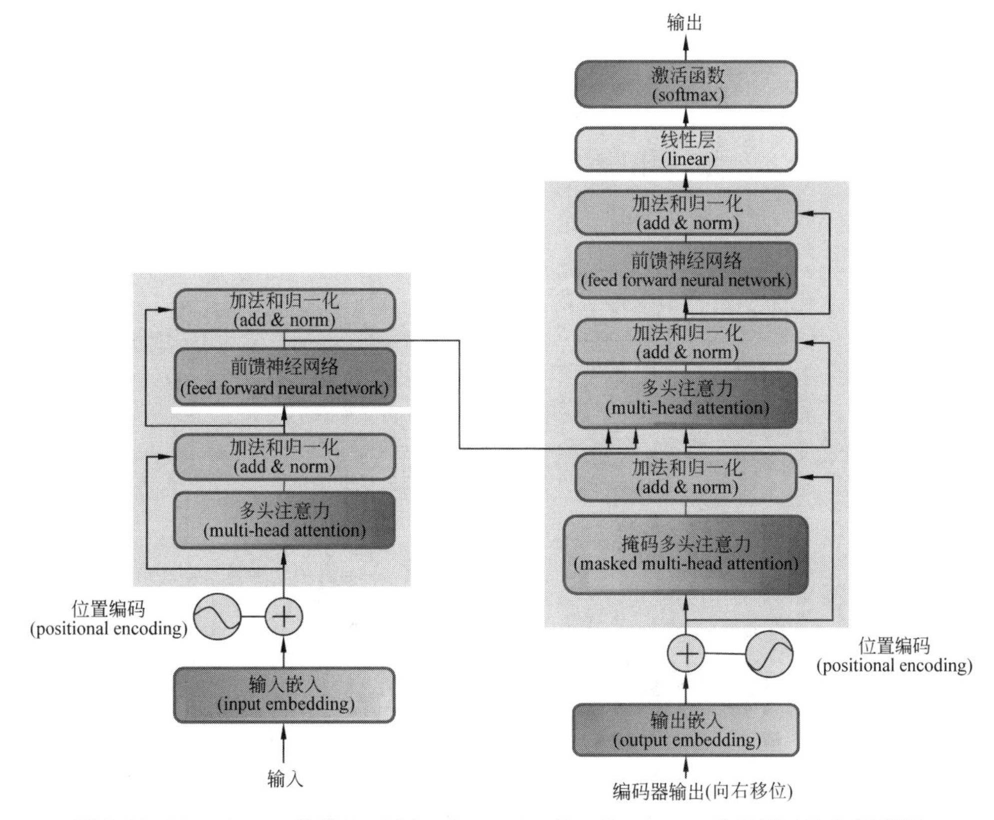

图 2-21　Transformer 架构（multi-head attention 是 self-attention 的拓展）（见文前彩图）

Transformer 从本质上说是一个 encoder-decoder 架构。因此中间部分的 Transformer 可以分为两个部分：编码组件和解码组件，如图 2-22 所示。

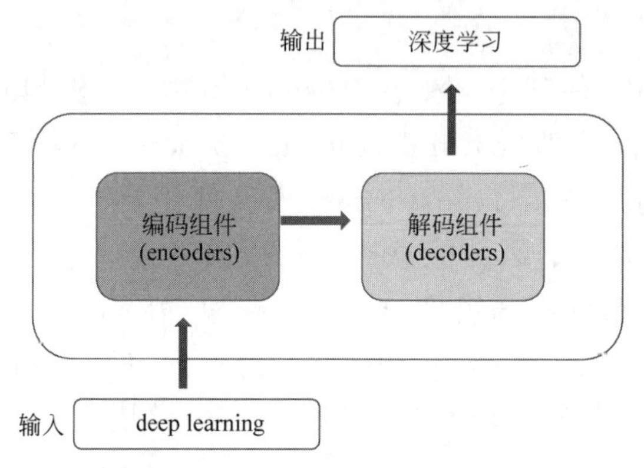

图 2-22　Transformer 的主要组件

2.6.1　编码组件

编码组件部分由 N 个编码器(encoder)构成，每个编码器的结构均相同，但它们使用不同的权重参数，如图 2-23 所示。

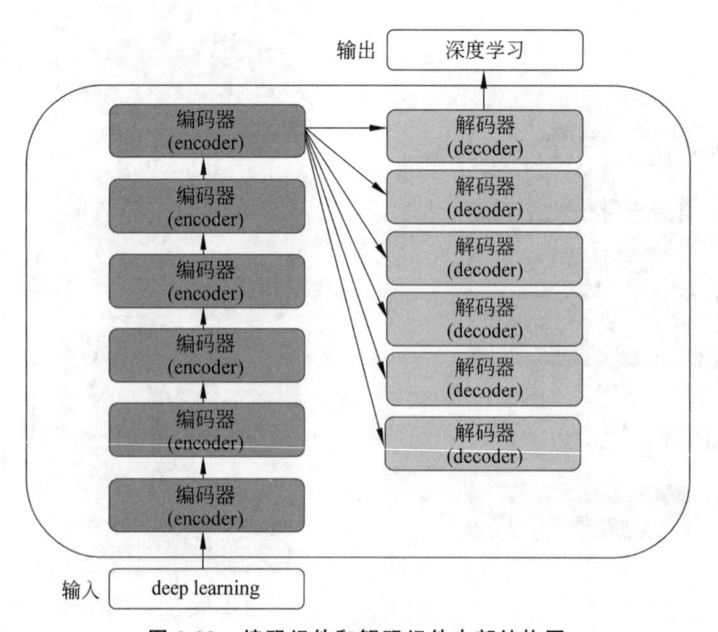

图 2-23　编码组件和解码组件内部结构图

每个编码器由两个子层组成：自注意力层(self-attention layer)和前馈神经网络(feed forward neural network)，如图 2-24 所示。

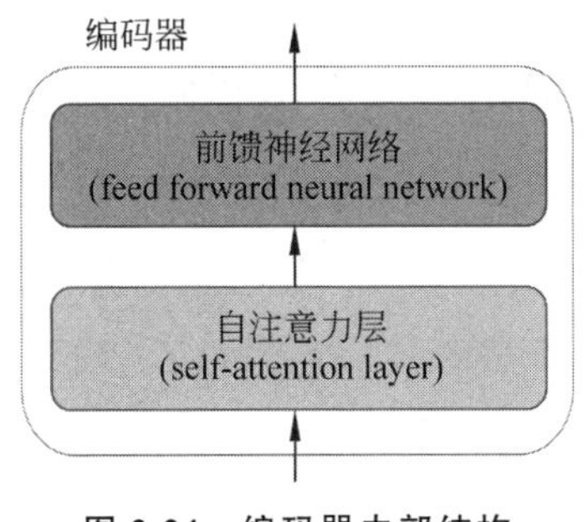

图 2-24　编码器内部结构

在编码阶段，我们使用词嵌入算法(embedding)将输入序列(源序列)嵌入一个向量空间中，并加上位置编码(positional encoding)。位置编码使得模型能够捕捉到序列中的位置信息，因为 Transformer 中的自注意力机制不考虑词语之间的位置关系。底层编码器接收的是词嵌入向量，而其他编码器接收的是上一个编码器的输出。

编码器的输入首先会流入自注意力层。这个层次可以让编码器在对特定词进行编码时利用输入句子中的其他词的信息(可以理解为：当翻译一个词时，不仅只关注当前的词，而且还会关注其他词的信息)。然后，自注意力层的输出经过残差连接和层归一化后会流入前馈神经网络进行非线性变换，前馈神经网络的输出再经过残差连接和层归一化。

编码器层中的每个子层后面都包含残差连接和层归一化操作，这有助于优化网络的训练过程，并使模型能够更好地捕捉输入数据的复杂依赖关系。这些操作不仅在编码器层中使用，也在解码器层中应用。

2.6.2　解码组件

解码组件也是由 N 个相同的解码器堆叠而成，如图 2-23 所示。解码和编码的过程既类似又有区别，每个解码器由 3 个子层组成：掩码注意力(masked self-attention)层、编码器—解码器注意力(encoder-decoder attention)层和前馈神经网络，如图 2-25 所示，掩码注意力层的核心是：在自注意力计算过程中，通过掩码(mask)阻止模型在生成目标序列时提前获取未来位置的信息,确保预测仅依赖于已生成的输出。编码器—解码器注意力层的主要作用是使解码器能够关注输入序列中的相关信息,可以根据输入序列的信息生成更准确的目标序列。前馈神经网络与编码器中的前馈神经网络相同,它是一个全连接网络,用于对解码器的输出进行非线性变换。

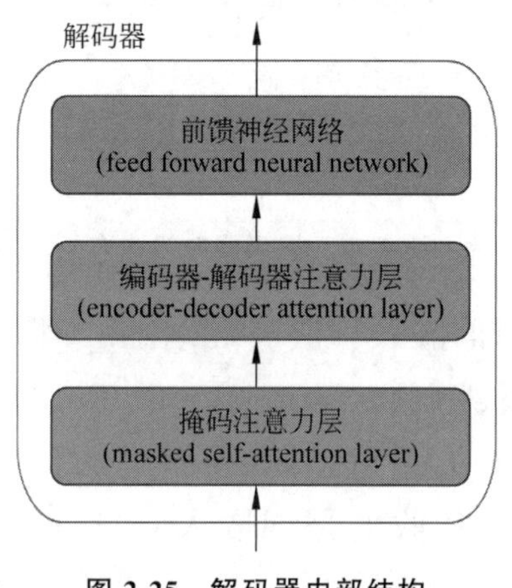

图 2-25　解码器内部结构

解码器的最终输出传递给输出层(通常是一个线性层),输出层负责将解码器的输出转换为概率分布,表示生成下一个词的可能性。

2.6.3　扩散模型

扩散模型(diffusion model)是一种生成模型,主要包括扩散阶段(forward process)和逆扩散阶段(reverse process)。在扩散阶段,不断对原始数据添加噪声,使数据从原始分布变为我们期望的分布,例如通过不断添加高斯噪声将原始数据的分布变为正态分布。在逆扩散阶段,使用神经网络将数据从正态分布恢复到原始数据分布[12]。扩散模型的优点在于正态分布上的每个点都是真实数据的映射,模型具有较好的可解释性。然而,缺点是迭代采样速度慢,导致模型训练和预测效率较低。

扩散模型分为扩散过程和逆扩散过程,如图 2-26 所示。

1) 扩散过程

在扩散过程中,通过逐步在原始数据上添加高斯噪声来将其转换为接近高

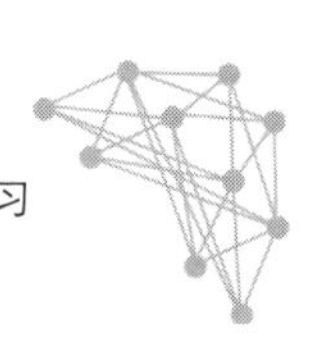

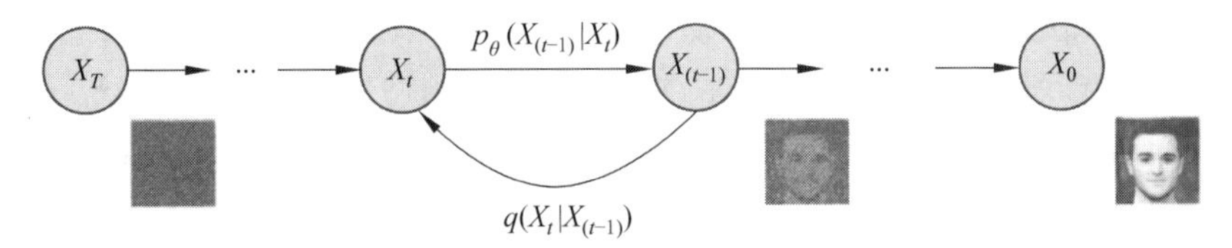

图2-26　扩散过程与逆扩散过程示意图

斯分布的数据。这个过程可以从右到左表示为$X_0 \to X_T$，其中X_0代表真实数据集中采样得到的原始数据，而X_T是具有高斯分布的噪声数据。随着高斯噪声的多次添加，原始数据逐渐变得模糊。由于扩散过程是一个马尔可夫过程，$X_{(t+1)}$仅受X_t影响。在此过程中，有以下两个核心概念：$q(X_t|X_0)$和$q(X_t|X_{(t-1)})$。

(1) $q(X_t|X_0)$描述了给定原始数据X_0的情况下第t步的条件概率分布。可以递归地计算$q(X_t|X_0)$。这个过程从计算$q(X_1|X_0)$开始，然后基于$q(X_1|X_0)$计算$q(X_2|X_0)$，以此类推，直到计算出$q(X_t|X_0)$。

(2) $q(X_t|X_{(t-1)})$描述了在给定前一步数据$X_{(t-1)}$的情况下第t步的条件概率分布。这个条件概率分布表示如何在第t步为数据添加噪声。由于这个过程是已知的，因此可以逐步计算$q(X_t|X_{(t-1)})$。

综上所述，在扩散过程中，通过逐步向原始数据添加高斯噪声，数据逐渐变得模糊，并接近高斯分布。扩散过程作为马尔可夫过程，涉及两个核心条件概率分布$q(X_t|X_0)$和$q(X_t|X_{(t-1)})$，它们描述了数据在不同步骤之间的转换关系。通过理解这些条件概率分布以及扩散过程的性质，可以更好地理解扩散模型的基本原理。

2) 逆扩散过程

逆扩散过程的目标是从噪声数据X_T逐步恢复原始数据X_0。这个过程可以从左到右表示为$X_T \to X_0$。为了实现这一目标，需要训练一个神经网络$p_\Theta(X_{(t-1)}|X_t)$来近似$q(X_{(t-1)}|X_t)$。在给定X_t的条件下，该神经网络需要预测$X_{(t-1)}$。

在原始论文中，作者选择了U-Net作为逆扩散过程的神经网络[13]。U-Net是一种编码器—解码器架构，广泛应用于图像分割和恢复任务。通过使用

U-Net,可以从给定的 X_t 中有效地恢复 $X_{(t-1)}$。

虽然很难直接得到 $q(X_{(t-1)}|X_t)$,但可以利用已知的 $q(X_t|X_0)$和 $q(X_t|X_{(t-1)})$计算 $q(X_{(t-1)}|X_tX_0)$。这是一个关键的洞察,因为可以使用计算出的 $q(X_{(t-1)}|X_tX_0)$来训练神经网络 $p_\Theta(X_{(t-1)}|X_t)$。

为了训练神经网络,需要定义一个损失函数来度量网络输出与真实数据之间的差异。通常使用的损失函数是均方误差,它度量了 X_0 与神经网络输出的 X'_0之间的差异。通过最小化这个损失函数,神经网络可以学习到从噪声数据中恢复到原始数据的映射函数。

在训练过程中,使用随机梯度下降(stochastic gradient descent,SGD)或其他优化算法来最小化损失函数。在每个训练步骤中,利用计算出的 $q(X_{(t-1)}|X_tX_0)$计算损失函数,并调整神经网络的参数。训练过程持续进行,直到神经网络收敛,即损失函数的值趋于稳定。

训练好的神经网络可以用于生成任务。从噪声数据 X_T 开始,使用训练好的网络逐步逆向生成数据。在每个步骤中,神经网络根据当前状态 X_t 预测 $X_{(t-1)}$。通过 T 次迭代,可以从噪声数据中恢复出原始数据 X_0。这个过程可以用于生成新的数据样本,实现图像生成等任务。

扩散模型的核心在于理解扩散过程和逆扩散过程,其中 $q(X_t|X_0)$和 $q(X_t|X_{(t-1)})$的推导是关键概念,读者可查阅相关资料了解。

2.7 小　　结

本章详细介绍了深度学习的基本概念、方法和应用。首先讨论了深度学习的概念,包括背景、特点和优势。接着介绍了深度神经网络(DNN),包括人工神经网络的基本概念和深度神经网络的发展。之后详细探讨了卷积神经网络(CNN),包括概念、结构和训练过程。在此基础上还介绍了 VGG——一种代表性的卷积神经网络结构。还讨论了循环神经网络(RNN)及其改进型长短期记忆网络(LSTM),强调了它们在处理序列数据方面的优势。接下来介绍了生成对抗网络(GAN),分析了生成器和判别器的结构,以及它们在训练过程中的相互对抗关系。最后探讨了 Transformer 模型及扩散模型,重点讲解了编码组件、解码组件的工作原理以及扩散模型的实现方法。

通过本章的学习,我们对深度学习领域的主要技术和方法有了更全面的了解,为后续的研究和应用奠定了基础。

2.8 思 考 题

1. 深度学习的核心理念和主要特点是什么?

2. 卷积神经网络的基本结构包含哪些组成部分?这些部分各自的作用是什么?

3. 在结构和功能上,循环神经网络与普通全连接神经网络的主要区别是什么?

4. 请详细阐述生成对抗网络的工作原理,以及其核心思想是如何推动其在各种任务中的表现的。

5. Transformer 架构的主要组成部分是什么,简述这些组成部分的功能。

参 考 文 献

[1] Chollet F. Python 深度学习[M]. 张亮,译. 2 版. 北京:人民邮电出版社,2022.

[2] Hodgkin A L, Huxley A F. A quantitative description of membrane current and its application to conduction and excitation in nerve 1952[J]. Bulletin of mathematical biology,1989,52(1-2):25-71.

[3] McCulloch W S,Pitts W. A logical calculus of the ideas immanent in nervous activity[J]. Bulletin of mathematical biology,1990,52:99-115.

[4] Krizhevsky A, Sutskever I, Hinton G E. Imagenet classification with deep convolutional neural networks[J]. Communications of the ACM,2017,60(6):84-90.

[5] Gu J,Wang Z,Kuen J,et al. Recent advances in convolutional neural networks[J]. Pattern recognition,2018(77):354-377.

[6] Cho K,Van Merriënboer B,Gulcehre C,et al. Learning phrase representations using RNN encoder-decoder for statistical machine translation[J]. arXiv preprint arXiv:1406.1078,2014.

[7] Hochreiter S, Schmidhuber J. Long short-term memory[J]. Neural computation, 1997, 9(8):

1735-1780.

[8] Sak H, Senior A, Beaufays F. Long short-term memory based recurrent neural network architectures for large vocabulary speech recognition[J]. arXiv preprint arXiv:1402.1128, 2014.

[9] Radford A, Metz L, Chintala S. Unsupervised representation learning with deep convolutional generative adversarial networks[J]. arXiv preprint arXiv:1511.06434, 2015.

[10] Goodfellow I, Pouget-Abadie J, Mirza M, et al. Generative adversarial networks[J]. Communications of the ACM, 2020, 63(11): 139-144.

[11] Vaswani A, Shazeer N, Parmar N, et al. Attention is all you need[J]. Advances in neural information processing systems, 2017, 30.

[12] Devlin J, Chang M W, Lee K, et al. Bert: Pre-training of deep bidirectional transformers for language understanding[J]. arXiv preprint arXiv:1810.04805, 2018.

[13] Ho J, Jain A, Abbeel P. Denoising diffusion probabilistic models[J]. Advances in neural information processing systems, 2020, 33: 6840-6851.

第3章 孪生网络

第2章讲解了深度学习的基本概念，以及深度神经网络、循环神经网络、生成对抗网络、Transformer及扩散模型。本章将先介绍一种特殊的神经网络——孪生网络，它是最简单、最常用的单样本学习算法之一。介绍它是如何在样本较少的情况下开展学习的，并用于解决低数据问题(low data problem)。接着给出孪生网络的基本架构，介绍孪生网络的应用场景。最后通过一个图像识别的案例编写一个简单的孪生网络模型程序，在实践中学习孪生网络。

本章内容：

- 孪生网络简介。
- 孪生网络的架构。
- 孪生网络的衍生。
- 孪生网络的发展及应用。
- 案例：利用孪生网络进行图像识别。

3.1 孪生网络简介

孪生网络(siamese network)。siamese表示暹罗双胞胎，意为连体人。顾名思义，该网络可以理解为两个或多个神经网络在一定程度上是“连体”的。所以孪生网络又称为连体网络，网络中的连体是通过共享权重实现的。孪生网络是一种监督学习，也是一种度量学习的方法，是最简单常用的单样本学习算法之一，主要用于各类别数据点较少的应用中。一般图像分类有2种情况：第1种情况是图片类别较少，但是每一类的数据量多。第2种情况是图片类别较多，但是每种类别的数量较少。对于第1种情况，使用深度学习网络如CNN，或SVM等机器学习就可以轻易地解决。对于第2种情况，使用CNN等深度学习算法就不能达到很好的效果。现在的公司学校都在用人脸识别技术做门禁系统，要识别出一个人，就需要这个人的很多图像来训练网络，并且网络还要有良好的精度。显然人脸识别就属于第2种情况，即种类多而每一类的数据量少。因此，这种情况下使用孪生网络就可以很好地解决这类图像分类问题。

那么孪生网络究竟是怎样实现的呢？它又是如何判断图像是属于哪一类的呢？首先，孪生网络是用于判断两个输入值是否相似的，输入两张图片，通过对比这两张图片的相似度来判断它们是否属于同一类。孪生网络中有两个对称的神经网络，它们具有相同的权重和架构，并由损失函数连接。孪生网络有两个输入，这两个输入分别进入两个完全相同的神经网络，最后通过能量函数评价两个输入的相似度。

下面举例说明孪生网络的工作流程，如图3-1所示。假如要判断图片P_1和图片P_2是否相似，首先将图片P_1作为网络A的输入，将图片P_2作为网络B的输入。接着两个输入图像分别经过这两个网络后提取出各自的feature（特征向量，又叫embedding），由于孪生网络是权重共享的，所以网络A和网络B的结构

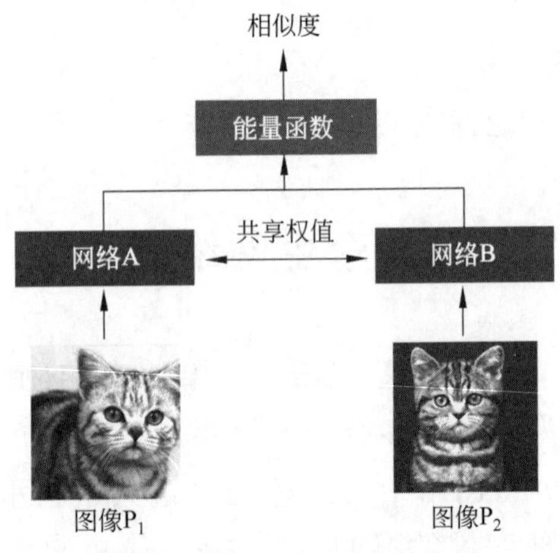

图3-1　判断两张图片的相似度

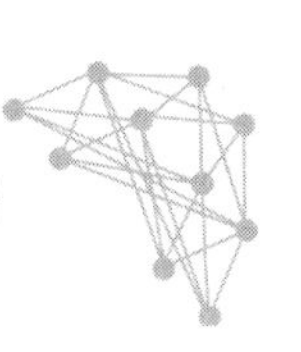

相同，并且需要有相同的权重。之后网络 A 和网络 B 分别将输入图像 P_1 和 P_2 各自的 feature 作为能量函数的输入。最后由能量函数判断两个特征向量的距离，从而来达到判断两个输入图像是否相似的目的。这里的距离可以有很多，比如欧氏距离、余弦距离、指数距离等。最终输出两张图片的相似度。

3.2　孪生网络的架构

通过前面的学习，我们对孪生网络有了初步了解，下面详细介绍孪生网络。

孪生网络的架构如图 3-2 所示。它由两个完全相同的网络和一个能量函数组成，这两个网络具有相同的权重和架构。将 X_1 和 X_2 分别输入网络 A 和网络 B，也就是两个 $\boldsymbol{F}_w(X)$。这两个网络有着相同的权重 w，它们会分别输出 X_1 和 X_2 的特征向量，也就是 $\boldsymbol{F}_w(X_1)$ 和 $\boldsymbol{F}_w(X_2)$，并作为能量函数 E_w 的输入。能量函数 E_w 计算两个输入的距离，从而得出两个输入的相似度。能量函数 E_w 的表达式如下：

$$E_w(X_1,X_2)=\|\boldsymbol{F}_w(X_1)-\boldsymbol{F}_w(X_2)\| \tag{3-1}$$

这里使用 L_2 距离（欧氏距离）作为能量函数，当 E_w 值较小时，说明 X_1 和 X_2 相似，反之说明 x_1 和 x_2 不相似。

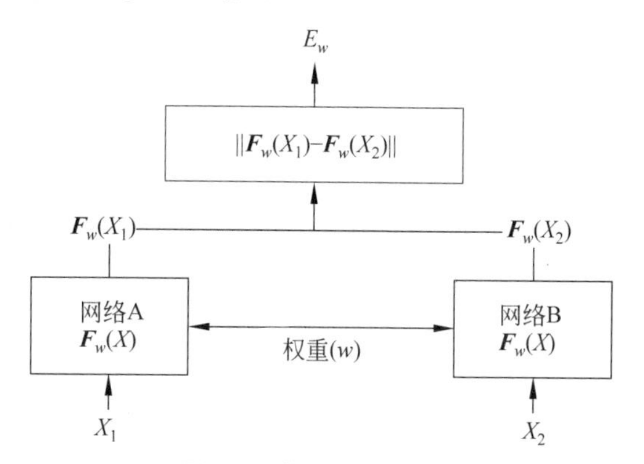

图 3-2　孪生网络的架构

上面介绍，孪生网络有两个输入，它们是成对出现的，它们的二元标签（binary label）$Y\in\{0,1\}$，代表输入对是正样本对（相似）还是负样本对（不相似）。

例如表3-1所示的图片样本对，第一行是正样本对（标签为1），第二行是负样本对（标签为0）。

表 3-1 输入图片样本对

图片样本对		标　签
		1
		0

孪生网络的损失函数采用的是对比损失函数（contrastive loss），目的是判断两个输入之间的相似性。这种损失函数的原理是：原本相似的样本，经过特征提取后，在特征空间内两个样本依旧相似；原本不相似的样本，经过特征提取后，在特征空间的两个样本依旧不相似。对比损失函数的表达式如下：

$$\text{Loss}=\frac{1}{2N}\sum_{n=1}^{N}\left[Y\,(E_w)^2+(1-Y)\max(0,m-E_w)^2\right] \tag{3-2}$$

其中，N 表示样本数量，Y 表示输入标签，当两个输入值相似时为1；不相似时为0。E_w 表示能量函数，可以是任何距离度量。m 表示输入样本对不相似时的距离阈值，即这两个输入值不相似时，它们的距离范围为$[0,m]$，当距离超过 m 时，这两个输入值的不相似性可看作0，就不会导致损失。

3.3 孪生网络的衍生

孪生网络已经在图像处理领域大放光彩。随着科学技术的发展，不少专家学者在原有的网络结构基础上对其进行改进，这里简单介绍几种。

3.3.1　伪孪生网络

孪生网络是由权重和架构完全相同的神经网络组成的，如果两个网络不共享权重，或者两个网络是不同的神经网络，这种网络就叫作伪孪生网络（pseudo siamese network）。伪孪生网络的两个神经网络可以是结构相同但权重不同，也可以是完全不同结构的两个网络。如图 3-3 所示，该伪孪生网络就包含一个 LSTM 网络、一个 CNN 网络。这种伪孪生网络可以用来比对不同数据类型的信息（形式上多模态的信息）所表达的内容的相似性，如一段文字和一张图像，判断文字内容是否符合图片。

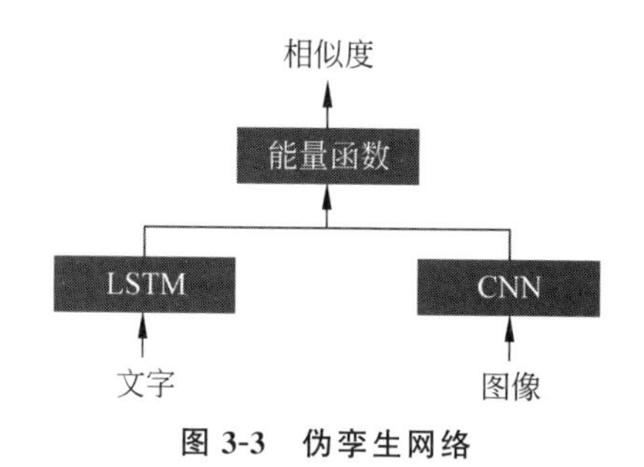

图 3-3　伪孪生网络

伪孪生网络有很多用处。如 Lloyd H. Hughes 等人利用伪孪生网络解决在非常高分辨率的光学和合成孔径雷达遥感图像中识别相应斑块的任务[1]，提出了一种具有两个独立但相同的卷积流的伪孪生网络架构，用于处理遥感图像补丁和光学补丁。损失函数上使用的是二元交叉熵损失。当然，伪孪生网络的应用还有很多，读者可以查看相关资料。

3.3.2　三胞胎连体网络

孪生网络以及伪孪生网络都是由两个网络组成的，如果换成三个网络可行吗？答案当然是可行的。Elad Hoffer 和 Nir Ailon 在论文中就提出了三胞胎网络[2]（triplet network），其结构如图 3-4 所示。

从图中可以看出，三胞胎网络有 3 个输入，分别对应 3 个网络，这 3 个输入可以是一个正样本对两个负样本对，或一个负样本对两个正样本对。三胞胎网

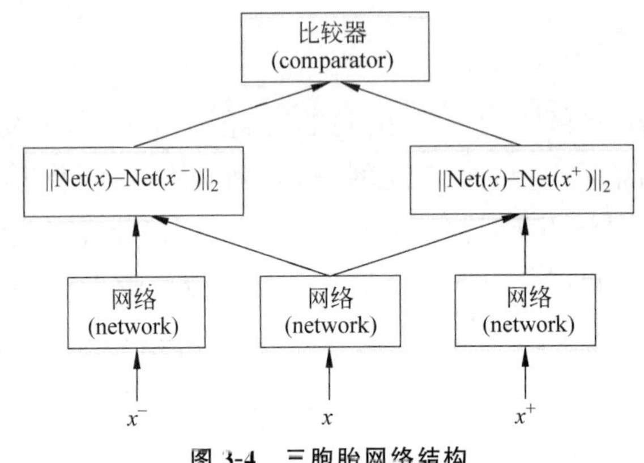

图 3-4 三胞胎网络结构

络中的这 3 个网络和孪生网络的形式比较类似，是由 3 个结构完全相同、权值共享的网络组成的。网络训练的目标是使同类别间的距离尽可能地小，不同类别间的距离尽可能地大。根据作者的经验，该网络在 MNIST 数据集上有着较优的表现，也可以作为无监督学习框架，具体内容读者可以阅读相关论文。

同样，三胞胎网络也有许多用处。比如 Yishu Liu 和 Chao Huang 就利用三胞胎孪生网络进行场景分类任务[3]。该网络由三个相同架构和相同权值的卷积神经网络组成，每个输入对应一个网络。其中两个输入是正样本，第三个是负样本。它们构造了 4 个新的损失函数来提高分类精度。感兴趣的读者可以阅读相关论文。

3.3.3 三胞胎伪孪生网络

孪生网络就是这么神奇，不同的权值、更多的子网络都会使孪生网络变得更加强大，如果把这些改变都加入其中，会变成什么样呢？李光正等人在论文[4]中使用了三胞胎伪孪生网络来检测不同的焊接缺陷或动作，如图 3-5 所示。这个网络由三个不同的网络组成。该网络有 3 个输入，分别输入图像、声音以及电流电压 3 种不同的数据。3 种子网络使用的是 3 种改进的卷积神经网络，使用了跨模态注意机制（cross-modal attention，CMA）来完成图像、声音和电流电压之间的交互。该网络详细构造非常复杂，读者可以阅读论文学习，这里不再介绍。

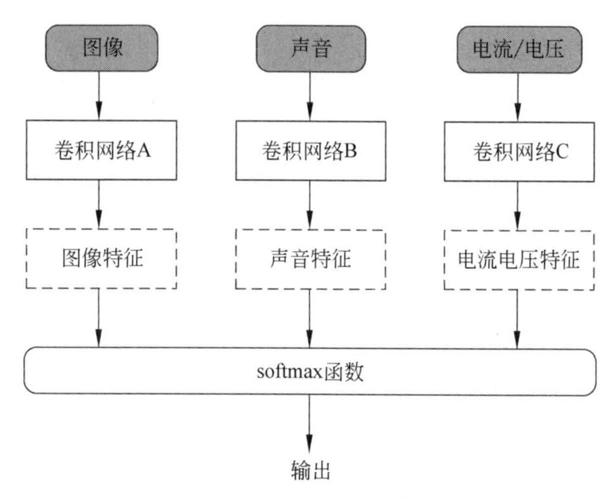

图 3-5 三胞胎伪孪生网络结构示意图

3.4 孪生网络的发展及应用

以上介绍表明,孪生网络通过寻找两个输入值之间的相似性来学习。因此该网络主要应用于需要对比两个输入之间相似性的任务中去。这样的应用很多,并且许多领域都有涉及。

早在1993年,Jane Bromley等人在论文[5]中提出了孪生网络,用于验证支票上的签名与银行预留签名是否一致。作者收集了5990个签名数据用于识别签名的真实性,数据分为正样本签名和负样本签名,用于训练孪生网络。使用时间延迟网络(time delay neural network,TDNN)作为孪生网络的两个子网络。在训练过程中,两个子网络从两个签名中提取特征,然后计算两个特征向量夹角的余弦值作为距离值。要识别一个新签名时,提取这个签名的特征向量与存储的签名者特征向量比较,如果距离小于设定阈值,则说明这个签名是真实的。

之后由于当时技术条件的限制,孪生网络的发展几乎停滞不前。直到2010年,Hinton在ICML上发表了*Rectified Linear Units Improve Restricted Boltzmann Machines*[6]。他使用孪生网络做人脸识别,判断两张人脸图像是否

相似。采用两个 Noisy Rectified Linear Unit (NReLU)作为两个子网络,能量函数选用的是余弦距离。2015 年,Sergey Zagoruyko 在 *Learning to Compare Image Patches via Convolutional Neural Networks*[7]一文中介绍了几种改进的孪生网络,并做了对比。他在以 CNN 为子网络的孪生网络的基础上借鉴了双通道(2-channel)网络、空间金字塔池化(SPP)网络以及双流网络(two-stream)的结构,对孪生网络进行改进,用于图片相似度对比,并做了对比试验。在图像匹配上,Iaroslav Melekhov 等人使用孪生网络对世界各地的地标图片进行图像匹配[8]。他们使用两个卷积神经网络作为孪生网络的子网络,使用欧氏距离作为能量函数,损失函数采用的是基于边际的对比损失函数,用于计算图片之间的相似度。

随着孪生网络发展的日益成熟,孪生网络也开始慢慢应用在计算机视觉、目标跟踪领域和自然语言处理等领域。Luca Bertinetto 等人提出了一种新的全卷积孪生网络,用于视频中的目标检测[9]。Xingping Dong 和 Jianbing Shen 将一种新的三重损失加入孪生网络框架中,用于目标跟踪[10]。Jonas Mueller 和 Aditya Thyagarajan 等人提出通过两个 LSTM 网络作为孪生网络中的两个子网络来处理句子对[11]。使用曼哈顿距离来度量两个句子的空间相似度,从而计算两个句子之间的相似度。

孪生网络的应用相当广泛。此外,孪生网络除了可以单独使用外,还可以组装在各种网络架构中,用于组成适合不同任务的模型。

3.5 案例:利用孪生网络进行图像识别

以上介绍了孪生网络的结构及应用。接下来从实战出发,通过一个图像识别的案例动手训练一个简单的孪生网络,利用该网络判断两张图片是否相似,进而识别出该图像的类别。

案例中使用的数据集为 Fashion-MNIST 数据集,它由德国公司 Zalando 旗下的研究部门提供。该数据涵盖了 10 种类别的共 70000 个不同商品的正面图

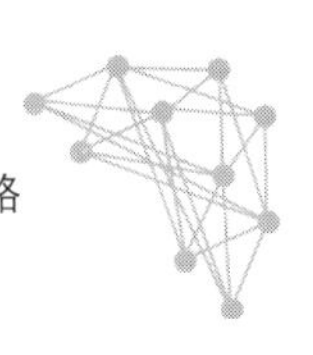

片，其中训练集包含 60000 个样本，测试集包含 10000 个样本。样本来自日常穿着的衣裤鞋包，每一个都是 28×28 的灰度图像，如图 3-6 所示。

图 3-6　Fashion-MNIST 数据集中前 24 张图片

接下来需要创建训练数据。由于孪生网络有两个输入，因此训练数据必须成对并带有标签。从相同类别中随机选取两张图片作为**正样本对**，从一个类别中选出一张图片与其他类别中的一张图片组成**负样本对**。如表 3-2 所示，正样本对的两张图片是同一类别，负样本对的两张图片是不同类别。

之后就开始构建孪生网络。创建两个卷积网络，用于提取特征向量，两个网络的激活函数使用线性整流函数（ReLU）。将图像对中的两个图片分别输入两个卷积网络中，输出提取的特征向量。之后把这两个特征向量作为能量函数的输入，输出两张图片的相似度。

下面根据案例一步一步地训练一个孪生网络。该案例可以在提供的源代码中查看具体代码。

表 3-2　输入样本对

输 入 对		标　签
		正
		负
		正
		负

（1）导入需要的库。

```
import random
import tensorflow as tf
from tensorflow import keras
from keras.layers import Input, Flatten, Dense, Dropout, Lambda, MaxPooling2D
from keras.models import Model
from keras.optimizers import RMSprop
from keras import backend as K
from keras.layers.convolutional import Conv2D
from keras.layers import LeakyReLU
from keras.regularizers import l2
from keras.models import Model, Sequential
from tensorflow.keras import regularizers
import numpy as np
import matplotlib.pyplot as plt
```

(2) 加载数据。

使用 Fashion-MNIST 数据集,该数据已在 keras 数据集中有所包含,可以直接使用以下代码加载数据而不用提前下载。

```
(x_train, y_train), (x_test, y_test) = keras.datasets.fashion_mnist.load_data()
x_train = x_train.astype('float32')
x_test = x_test.astype('float32')
x_train = x_train / 255.0
x_test = x_test / 255.0
```

显示数据集的第一张图片,如图 3-7 所示。

```
plt.figure(figsize=(5,5))
plt.imshow(x_train[0], cmap=plt.cm.binary)
plt.xticks([])
plt.yticks([])
plt.grid(False)
```

图 3-7 Fashion-MNIST 数据集中的一张图片

按照数据标签对数据进行分类。选取"上衣""裤子""套头衫""外套""凉鞋""靴子"6 个类别。划分训练集和测试集,比例为 8 : 2。

```
digit_indices = [np.where(y_train == i)[0] for i in {0,1,2,4,5,9}]
digit_indices = np.array(digit_indices)
n = min([len(digit_indices[d]) for d in range(6)])
train_set_shape = n * 0.8
test_set_shape = n * 0.2
y_train_new = digit_indices[:, :int(train_set_shape)]
y_test_new = digit_indices[:, int(train_set_shape):]
print(y_train_new.shape)
print(y_test_new.shape)test_set_shape = n * 0.2
```

（3）制作训练数据。

定义 create_pairs 函数来生成数据。前面讲到，Siamese 网络的输入数据应该是成对存在的（正样本和负样本）。按照上面已经分好的类别，从同一个类别中选取图像（$z1$，$z2$），并存储到 pairs 数组中。同时从不同类别中选取图像（$z1$，$z2$），同样存储到 pairs 数组中。此时该条样本中包含一正、一负，将 labels 赋值为[1，0]。最终生成了训练数据，包含训练集和测试集。

```
def create_pairs(x, digit_indices):
    pairs = []
    #标签为 1 或 0,用于标识样本对是正的还是负的
    labels = []
    class_num = digit_indices.shape[0]
    for d in range(class_num):
        for i in range(int(digit_indices.shape[1]) - 1):
        #使用来自同一类的图像来创建正样本对
        z1, z2 = digit_indices[d][i], digit_indices[d][i + 1]
        pairs += [[x[z1], x[z2]]]
        #使用随机数从另一个类中找到图像来创建负样本对
        inc = random.randrange(1, class_num)
        dn = (d + inc) % class_num
        z1, z2 = digit_indices[d][i], digit_indices[dn][i]
        pairs += [[x[z1], x[z2]]]
        #add two labels which the first one is positive class and the second is
        #negative
        labels += [1, 0]
    return np.array(pairs), np.array(labels)
#训练集
tr_pairs, tr_y = create_pairs(x_train, y_train_new)
tr_pairs = tr_pairs.reshape(tr_pairs.shape[0], 2, 28, 28, 1)
#测试集
te_pairs_1, te_y_1 = create_pairs(x_train, y_test_new)
te_pairs_1 = te_pairs_1.reshape(te_pairs_1.shape[0], 2, 28, 28, 1)
```

（4）构建孪生网络并训练模型。

先建立基本网络，它是一个用于特征向量提取的卷积网络。用 ReLU 为激活函数构建两个卷积层和一个平面层。

```
def create_base_network(input_shape):
    input = Input(shape=input_shape)
```

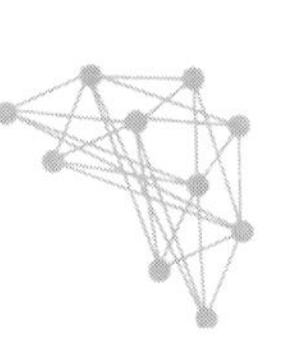

```
    x = Conv2D(32, (7, 7), activation='relu', input_shape=input_shape,
                           kernel_regularizer=regularizers.l2(0.01),
                           bias_regularizer=regularizers.l1(0.01))(input)
    x = MaxPooling2D()(x)
    x = Conv2D(64, (3, 3), activation='relu', kernel_regularizer=regularizers.
                           l2(0.01), bias_regularizer=regularizers.l1(0.01))(x)
    x = Flatten()(x)
    x = Dense(128, activation='relu', kernel_regularizer=regularizers.l2(0.01),
                   bias_regularizer=regularizers.l1(0.01))(x)
    return Model(input, x)
```

接下来，将图像对输入到基础网络中，它将返回 Embeddings，即特征向量。

```
input_shape = (28,28,1)
base_network = create_base_network(input_shape)
input_a = Input(shape=input_shape)
input_b = Input(shape=input_shape)
processed_a = base_network(input_a)
processed_b = base_network(input_b)
```

processed_a 和 processed_b 是图像对的特征向量。将这些特征向量提供给能量函数来计算它们之间的距离，这里使用欧氏距离作为能量函数。同时给出了损失函数 contrastive_loss，并定义精确度。

```
#距离函数
def euclidean_distance(vects):
    x, y = vects
    sum_square = K.sum(K.square(x - y), axis=1, keepdims=True)
    return K.sqrt(K.maximum(sum_square, K.epsilon()))
#输出类型函数
def eucl_dist_output_shape(shapes):
    shape1, shape2 = shapes
    return (shape1[0], 1)
#损失函数
def contrastive_loss(y_true, y_pred):
    margin = 1
    square_pred = K.square(y_pred)
    margin_square = K.square(K.maximum(margin - y_pred, 0))
    return K.mean(y_true * square_pred + (1 - y_true) * margin_square)
#精确度函数
def accuracy(y_true, y_pred):
```

```
    #Compute classification accuracy with a fixed threshold on distances.
    return K.mean(K.equal(y_true, K.cast(y_pred < 0.5, y_true.dtype)))
distance = Lambda(euclidean_distance, output_shape=eucl_dist_output_shape)
                  ([processed_a, processed_b])
```

接下来设置轮数(epoch)为13,并使用RMsprop进行优化。之后定义模型model。

```
epochs = 13
rms = RMSprop()
model = Model([input_a, input_b], distance)
model.compile(loss=contrastive_loss, optimizer=rms, metrics=[accuracy])
```

所有都准备好后,就可以开始训练模型。

```
tr_y = np.array(tr_y, dtype='float32')
results = model.fit([tr_pairs[:, 0], tr_pairs[:, 1]], tr_y, batch_size=128,
epochs=epochs, verbose=2, validation_split=.25)
```

可以绘制出图像来查看模型损失的变化,如图3-8所示。

```
plt.plot(results.history['loss'])
plt.title('Model loss')
plt.ylabel('Loss')
plt.xlabel('Epoch')
plt.show()
```

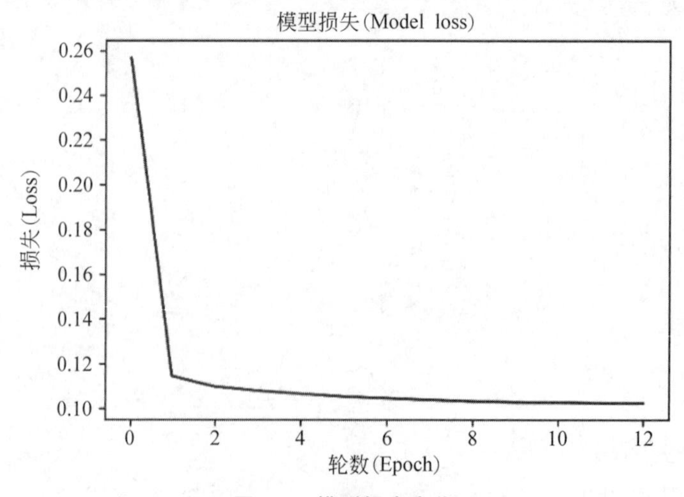

图3-8 模型损失变化

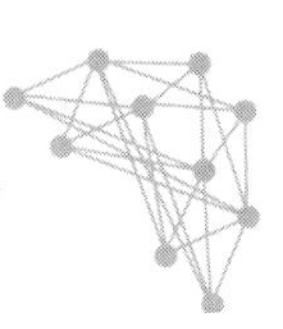

可以看到,随着训练轮数的增加,损失在不断减少。

(5) 预测及评估。

训练好模型后,就可以用测试集来预测。

```
y_pred = model.predict([te_pairs_1[:, 0], te_pairs_1[:, 1]])
```

定义精确度计算函数,查看模型的准确性。

```
#定义精确度函数
def compute_accuracy(y_true, y_pred):
    pred = y_pred.ravel() < 0.5
    return np.mean(pred == y_true)
```

计算模型的准确性,并输出。

```
te_acc = compute_accuracy(te_y_1, y_pred)
print('Accuracy on test set: %0.2f%%' % (100 * te_acc))
```

输出：Accuracy on test set：92.19%。

3.6 小　　结

本章讲解了孪生网络是用于判断两个输入相似性的一种网络,以及孪生网络是如何判断两个输入的相似性的。它是由结构相同、权值共享的两个神经网络组成的,通过这两个网络提取出特征向量,并输入到能量函数中计算相似性。最后讲解了孪生网络的一些常用应用,并通过一个案例动手实现了一个简单的孪生网络模型。

3.7 思　考　题

1. 详细解释一下孪生网络的基本概念及其在各种场景中的应用。
2. 详述孪生网络如何利用其特定的设计来判断两个输入样本的相似性。
3. 详细描述孪生网络的典型结构,以及这种结构对网络性能的影响。

4. 在孪生网络中，两个子网络的权值是否始终保持相同？这种设计背后的逻辑是什么？

5. 列举一些在孪生网络基础上发展出来的网络结构，并简述其特点。

参考文献

[1] Hughes L H, Schmitt M, Mou L, et al. Identifying corresponding patches in SAR and optical images with a pseudo-siamese CNN[J]. IEEE geoscience and remote sensing letters, 2018, 15(5): 784-788.

[2] Hoffer E, Ailon N. Deep metric learning using triplet network [C]//Similarity-based pattern recognition: third international workshop, SIMBAD 2015, Copenhagen, Denmark, October 12-14, 2015. proceedings 3. springer international publishing, 2015: 84-92.

[3] Liu Y, Huang C. Scene classification via triplet networks[J]. IEEE Journal of selected topics in applied earth observations and remote sensing, 2017, 11(1): 220-237.

[4] Li Z, Chen H, Ma X, et al. Triple pseudo-siamese network with hybrid attention mechanism for welding defect detection[J]. Materials & Design, 2022(217): 110645.

[5] Bromley J, Guyon I, LeCun Y, et al. Signature verification using a "siamese" time delay neural network [J]. Advances in neural information processing systems, 1993(6): 669-688.

[6] Nair V, Hinton G E. Rectified linear units improve restricted Boltzmann machines[C]//Proceedings of the 27th international conference on machine learning (ICML-10). 2010: 807-814.

[7] Zagoruyko S, Komodakis N. Learning to compare image patches via convolutional neural networks [C]//Proceedings of the IEEE conference on computer vision and pattern recognition, 2015: 4353-4361.

[8] Melekhov I, Kannala J, Rahtu E. Siamese network features for image matching [C]//2016 23rd international conference on pattern recognition (ICPR). IEEE, 2016: 378-383.

[9] Bertinetto L, Valmadre J, Henriques J F, et al. Fully-convolutional siamese networks for object tracking [C]//Computer vision – eccv 2016 workshops: amsterdam, the netherlands, October 8-10 and 15-16, 2016, proceedings, part II 14. springer international publishing, 2016: 850-865.

[10] Dong X, Shen J. Triplet loss in siamese network for object tracking[C]//Proceedings of the European conference on computer vision (ECCV). 2018: 459-474.

[11] Mueller J, Thyagarajan A. Siamese recurrent architectures for learning sentence similarity[C]// Proceedings of the AAAI conference on artificial intelligence, 2016: 30(1): 2786-2792.

第4章　原型网络及其变体

第3章讲解了孪生网络的定义，孪生网络如何在样本较少的情况下开展学习，以及如何将其应用于解决低数据问题。本章讲解另一个有趣的少样本学习算法——原型网络，它对训练集中不存在的类别也具有泛化能力。讲解什么是原型网络，如何使用原型网络在MNIST数据集中用于少样本分类任务，以及不同的原型网络变体，如高斯原型网络和半原型网络。

本章内容：

- 原型网络。
- 原型网络算法。
- 使用原型网络分类。
- 高斯原型网络。
- 高斯原型网络算法。
- 半原型网络。

4.1 原型网络

在2017年的论文 *Prototypical networks for few-shot learning*[1] 中，Jake Snell等提出了一种名为原型网络（prototypical networks）的小样本学习算法。原型网络是另一种简单、高效的少样本学习算法。与孪生网络一样，原型网络也试图学习度量空间来进行分类。原型网络的核心概念是利用原型表示类别，并通过度量学习找到映射到嵌入空间的样本与原型之间的相似性。

确定基本思路后，下面用一个例子描述对于原型网络创建原型表示的基本流程。

(1) 数据准备。准备支持集(support set)和查询集(query set)。支持集包含少量已标记的样本，用于计算类别原型；查询集包含待分类的样本，这里有一个支持集，包含昆虫、鸟、狗 3 个分类的图片。也就是当前的分类任务一共有 3 个分类：{昆虫，鸟，狗}。

(2) 特征提取。使用神经网络(例如卷积神经网络对于图像任务，或循环神经网络/自注意力机制对于自然语言处理任务)将输入样本映射到嵌入空间，从而提取特征，如图 4-1 所示。

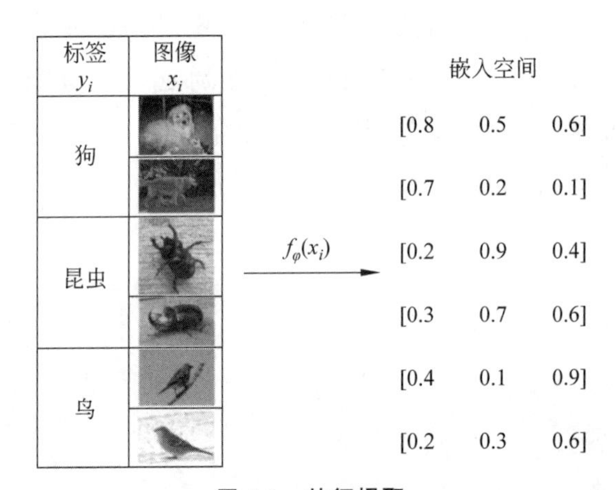

图 4-1 特征提取

(3) 计算原型。对于每个类别，计算支持集中该类别样本的嵌入向量的均值，得到类别的原型，如图 4-2 所示。

(4) 度量学习。图 4-3 显示了利用度量学习方法(通常是欧氏距离)计算嵌入空间中查询样本与各个类别原型之间的相似性。距离较近的样本被认为具有较高的相似性。所以，类原型表示基本上是类中样本的嵌入向量的均值。当一个新的数据样本被输入网络时，需要预测出这个样本的分类情况。

(5) 分类。将查询样本分配给距离最近的原型所对应的类别，从而完成分类任务。

(6) 训练与优化。通过最小化损失函数(例如交叉熵损失)、优化神经网络

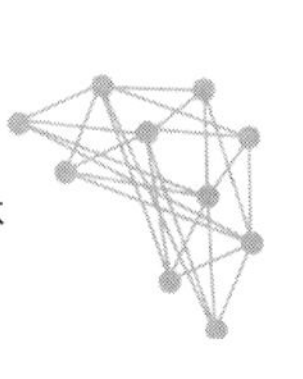

的参数来衡量查询样本的预测类别与真实类别之间的差异。

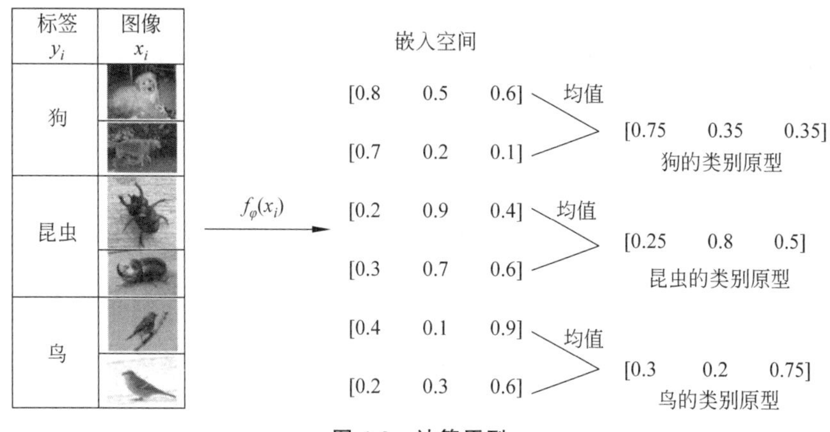

图 4-2　计算原型

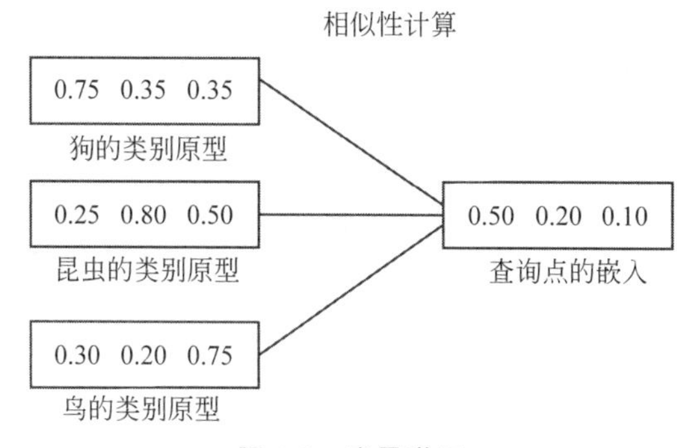

图 4-3　度量学习

4.1.1　原型网络的基本算法

（1）假设原始数据集为 D，对于每个 episode，包含一个支持集和一个查询集：

$$D_{\text{episode}} = D_{\text{support}} \cup D_{\text{query}} = \{S_i{}_{i=1}^{n_s}\} \cup \{q_i{}_{i=1}^{n_q}\} \tag{4-1}$$

实现方法就是在原始数据集 D 中随机选取 N 个类别，每个类别选取 K 张图片，构成支持集，选取 Q 张图片构成查询集，这样就组成了一个 episode 的小数据集。以此类推构造 episode 个小数据集。

（2）对每张图片，利用 Encoder 进行特征提取，即

$$h_{s_i} = f_\varphi(s_i) \tag{4-2}$$

$$h_{q_i} = f_\varphi(q_i) \tag{4-3}$$

(3) 计算出支持集中每个类别的原型(prototype),即

$$p_{c_j} = \sum_{\{i \mid l_{s_i} = c_j\}} h_{s_i} \tag{4-4}$$

其中,l_{s_i}表示图片 s_i 的类别标签。

(4) 计算每个查询集图片 Embedding 与每个类别的相似度,即

$$p(\hat{l}_{q_i} = c_j) = \frac{\exp(\text{sim}(hq_i, p_{c_j}))}{\sum_{k=1}^{|c|} \exp(\text{sim}(hq_i, p_{c_j}))} \tag{4-5}$$

(5) 计算训练用的损失函数,公式如下:

$$L_{q_i} = \text{CrossEntropy}(l_{q_i}, \hat{l}_{q_i}) \tag{4-6}$$

4.1.2 用于分类的原型网络结构

第一步,对于支持集中的每一个样本点,生成一个编码表示,通过求和平均的方式来生成每一个分类的原型表示。同时,对于查询样本,也对其生成一个向量表示。

计算每一个查询点和每一个分类原型表示的距离情况,并计算 softmax 的概率结果。生成对于各个分类的概率分布情况。

进一步地,对于原型网络而言,其应用的范围不仅仅在单样本/小样本的学习过程中,还可以应用在零样本的学习方式。对于这种应用的思路是:尽管没有当前分类的数据样本,如果能够在更高的层次中生成分类的原型表示(元信息),也是可以的。通过这种元信息,也可以完成和上面类似的计算,完成分类任务。

以下是一个使用 MNIST 数据集的原型网络示例。这个示例可以用于少样本分类任务。

(1) 准备数据集。

使用 MNIST 数据集,该数据已在 sklearn 数据集中有所包含,可以直接使用以下代码加载数据,而不用提前下载。

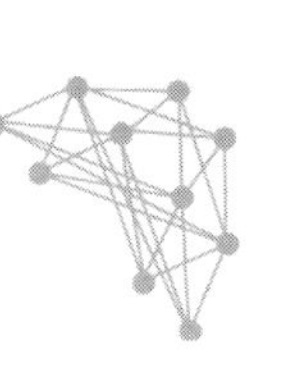

```
import numpy as np
import tensorflow as tf
from tensorflow.keras import layers, Model
from sklearn.model_selection import train_test_split
from sklearn.datasets import fetch_openml
from sklearn.preprocessing import StandardScaler

mnist = fetch_openml('mnist_784')
data = mnist.data.astype(np.float32)
targets = mnist.target.astype(np.int32)
#Preprocess the data
scaler = StandardScaler()
data = scaler.fit_transform(data)
#Split the dataset
x_train, x_test, y_train, y_test = train_test_split(data, targets, test_size=
0.2, random_state=42)
```

（2）实例化一个原型网络结构，代码如下。

```
#Create a simple embedding network
class EmbeddingNetwork(Model):
    def __init__(self):
        super(EmbeddingNetwork, self).__init__()
        self.dense1 = layers.Dense(128, activation='relu')
        self.dense2 = layers.Dense(64, activation='relu')
    def call(self, inputs):
        x = self.dense1(inputs)
        x = self.dense2(x)
        return x
#Define the Euclidean distance function
def euclidean_distance(a, b):
    return tf.sqrt(tf.reduce_sum(tf.square(a - b), axis=-1))
#Create a Prototypical Network
embedding_network = EmbeddingNetwork()
```

（3）定义超参数。

```
#Hyperparameters
n_classes = 5
n_support = 5
n_query = 5
n_epochs = 1000
learning_rate = 0.001
```

（4）训练原型网络并输出损失值。

```
#Create a dataset for episodes
dataset = tf.data.Dataset.from_tensor_slices((x_train, y_train))
dataset = dataset.shuffle(buffer_size=10000).batch(n_classes * (n_support +
n_query))
#Train the Prototypical Network
optimizer = tf.keras.optimizers.Adam(learning_rate)
for epoch in range(n_epochs):
    for episode, (x_data, y_data) in enumerate(dataset):
        #Create support and query sets
        support_set, query_set = x_data[:n_classes * n_support], x_data[n_
        classes* n_support:]
        support_labels, query_labels = y_data[:n_classes * n_support], y_
        data[n_classes* n_support:]
        #Compute prototypes and distances
        with tf.GradientTape() as tape:
        support_embeddings = embedding_network(support_set)
        prototypes = tf.reduce_mean(tf.reshape(support_embeddings, (n_
        classes, n_support, -1)), axis=1)
        query_embeddings = embedding_network(query_set)
        distances = -euclidean_distance(tf.expand_dims(query_embeddings, 1),
        prototypes)
        #Compute the loss
        y_true = tf.one_hot(query_labels, depth=n_classes)
        loss = tf.reduce_mean(tf.keras.losses.categorical_crossentropy(y_
        true, distances, from_logits=True))
        #Update the model
        grads = tape.gradient(loss, embedding_network.trainable_variables)
        optimizer.apply_gradients(zip(grads, embedding_network.trainable_
        variables))
        #Print the loss
        if episode % 50 == 0:
            print(f'Epoch {epoch}, Episode {episode}, Loss: {loss.numpy()}')
            #Evaluate the model on the validation set at the end of each epoch
```

（5）测试原型网络。

```
#Create a dataset for episodes (test)
test_dataset = tf.data.Dataset.from_tensor_slices((x_test, y_test))
```

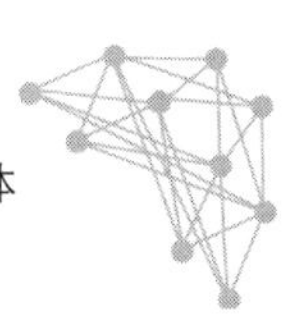

```
test_dataset = test_dataset.shuffle(buffer_size=10000).batch(n_classes * (n_
support + n_query))
#Evaluate the Prototypical Network
def evaluate_prototypical_network(embedding_network, test_dataset, n_classes,
                                  n_support, n_query):
    correct_predictions = 0
    total_predictions = 0
    for x_data, y_data in test_dataset:
        #Create support and query sets
        support_set, query_set = x_data[:n_classes * n_support], x_data[n_
        classes * n_support:]
        support_labels, query_labels = y_data[:n_classes * n_support], y_data[n_
        classes * n_support:]
        #Compute prototypes and distances
        support_embeddings = embedding_network(support_set)
        prototypes = tf.reduce_mean(tf.reshape(support_embeddings,
                                    (n_classes, n_support, -1)), axis=1)
        query_embeddings = embedding_network(query_set)
        distances = -euclidean_distance (tf.expand_dims(query_embeddings, 1),
                                     prototypes)
        #Compute predictions
        predictions = tf.argmax(distances, axis=-1)
        #Update the number of correct and total predictions
        correct_predictions += tf.reduce_sum(tf.cast(tf.equal(predictions,
        query_labels), tf.int32))
        total_predictions += query_labels.shape[0]
    accuracy = correct_predictions / total_predictions
    return accuracy
#Compute the accuracy on the test set
accuracy = evaluate_prototypical_network(embedding_network, test_dataset,
                                         n_classes, n_support, n_query)
print(f'Test accuracy: {accuracy.numpy() * 100:.2f}')
```

4.2　高斯原型网络

高斯原型网络(gaussian prototypical networks,GPN)是原型网络的一种变体,由 Fort 等人于 2017 年提出[2],它在类别原型的表示上引入了额外的信息。在传统的原型网络中,类别在特征空间中用单一原型表示,原型是该类别样本的嵌入向量的均值。而在高斯原型网络中,类别不仅用原型表示,还包括与原型相关的协方差矩阵。

高斯原型网络的基本思想是在特征空间中为每个类别建立一个高斯分布,其中原型表示均值,协方差矩阵表示特征空间中的方差。引入协方差矩阵使得高斯原型网络可以更好地捕捉类别内部的结构和变化,从而提高分类性能。

一个完整的高斯原型网络如图 4-4 所示,主要包括数据产生、模型训练和模型测试 3 个部分。在数据产生阶段,随机生成器通过对训练集和测试集进行随机采样不断生成支持集和查询集。对于 N-way K-shot 任务,首先从相应数据集中随机挑选出 N 个类别,每个类别再随机挑选 K 个样本作为支持集,同时将 N 个类别中的剩余样本作为查询集。在模型训练的前向传播阶段,GPN 通过嵌入网络将支持集样本映射为嵌入向量及其精度矩阵,进而计算各类别的高斯原型。之后,通过计算查询集样本对应嵌入向量到各类别高斯原型的马氏距离获得预测标签。在反向传播阶段,根据预测标签与真实标签计算损失,从而指导模型参数的更新。在模型测试阶段,模型参数固定,直接将支持集和查询集输入模型,并执行与训练过程中相同的高斯原型计算与距离度量操作来获得对未知类别目标的预测标签。

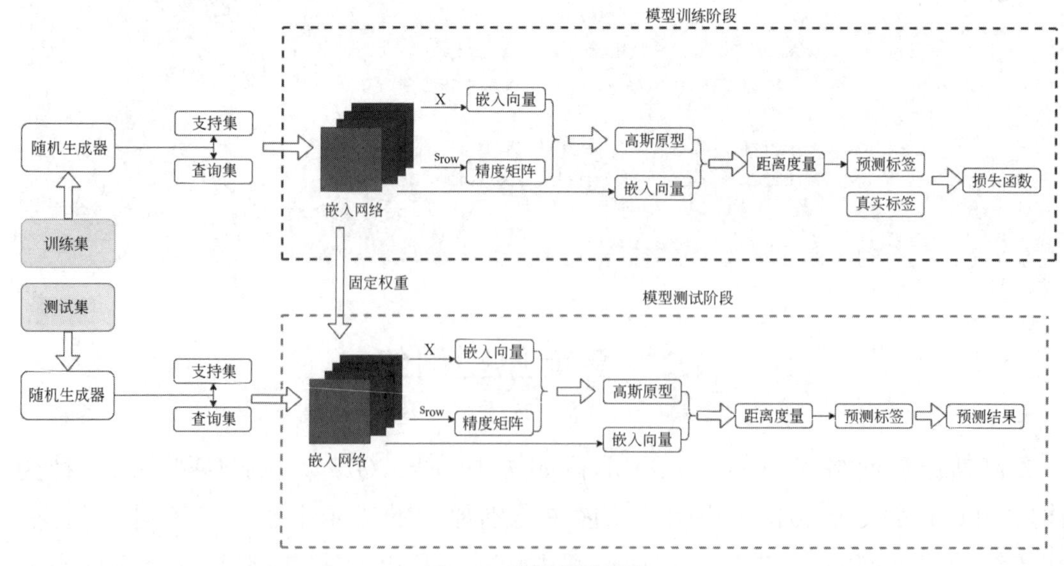

图 4-4　高斯原型网络

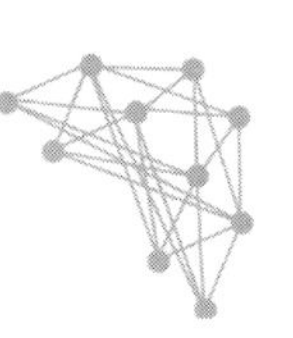

现在逐步来理解高斯原型网络。

(1) 假设有一个数据集 $D=\{(x_1,y_1),(x_2,y_2),\cdots,(x_i,y_i)\}$，其中 x_i 是特征，y_i 是类标签。假设有一个二元标签，这意味着只有两个类，0 和 1。将从数据集 D 的各类别中不放回地随机抽样数据点，以组成支持集 S。

(2) 同样，随机抽样数据点组成查询集 Q。

(3) 将支持集传入嵌入函数。嵌入函数将生成支持集的嵌入以及协方差矩阵。

(4) 计算协方差矩阵的逆。

(5) 计算支持集中每个类的原型，公式如下：

$$\text{原型}(\overrightarrow{p_c})=\frac{\sum_i \overrightarrow{s_i^c}\cdot\overrightarrow{x_i^c}}{\sum_i \overrightarrow{s_i^c}} \tag{4-7}$$

其中，$\boldsymbol{s}_i^c$ 是逆协方差矩阵的对角分量，$\boldsymbol{x}_i^c$ 是支持集的嵌入，上标 c 代表类。

(6) 计算了支持集中每个类的原型后，学习查询集的嵌入 Q。设 x' 是查询点的嵌入。

(7) 计算查询点嵌入与类原型之间的距离，公式如下：

$$\text{距离}=\sqrt{(\overrightarrow{x'}-\overrightarrow{p_c})^{\mathrm{T}}\,\overrightarrow{s_i^c}\cdot(\overrightarrow{x'}-\overrightarrow{p_c})} \tag{4-8}$$

(8) 计算了类原型与查询集嵌入之间的距离后，预测查询集 $\hat{y}$ 的类，它与类原型的距离最小，公式如下：

$$\hat{y}=\underset{c}{\operatorname{argmin}}(\text{距离}) \tag{4-9}$$

4.3　半原型网络

半监督学习是指在一些标记数据和一些未标记数据的情况下，利用未标记数据来提高模型的性能。而半原型网络(semi-parametric prototype network，SPPN)则是一种基于半监督学习的原型网络模型，由 M.Ren 等人在论文 *Meta-learning for semi-supervised few-shot classification*[3] 中提出。该论文在未标记

数据上引入了原型学习来提高分类性能。

半原型网络结合了原型学习和神经网络分类器，通过学习一组原型，将未标记的数据点与原型进行匹配，从而增强分类器的性能。该模型的核心思想是，对于未标记的数据点，它们可能属于训练集中已知类别的某个类，或者属于未知的新类别。为了解决这个问题，SPPN 提出了一个原型学习的方法，将原型表示为特定类别的聚类中心，并将其用于分类。

在 SPPN 中，原型的生成基于两个阶段的训练。首先，通过在已标记的训练集上训练神经网络分类器，获取每个类别的样本特征，然后将这些特征向量聚类为原型。在第二个阶段，利用这些原型进行无监督训练，在未标记的数据上学习分类器。在这个过程中，SPPN 使用原型进行样本分类，同时通过聚类的方式发现新的类别。其中两种重要的类型如下。

（1）基于 soft-kmeans 的原型网络。

基于 soft-kmeans 的原型网络算法通过学习一组原型向量，将输入数据映射到原型向量上，并将每个数据点与原型向量之间的相似度表示为概率分布。与传统的 K-means 算法相比，基于 soft-kmeans 的原型网络允许数据点同时属于多个类别，并且能够处理非球形和重叠的聚类结构。

训练过程可以分为两个阶段：初始化和迭代。在初始化阶段，原型向量会被初始化为随机值或使用其他聚类算法得到的初始值。在迭代阶段，原型向量会根据输入数据点的概率分布更新，直到收敛为止。更新过程通常使用梯度下降算法来进行。

该原型网络可以用于各种应用，例如聚类、特征提取、数据可视化和降维等。此外，该算法还可以扩展到深度原型网络中，以提高模型的表现能力。

（2）使用 soft-kmeans 和一个干扰聚类项的原型网络。

上述的 soft-kmeans 中存在一个这样的假设，即每一个未标记的数据在一个片段中都属于某一个类别。然而，如果不采用这种假设，并且设定一个新的类别来作为干扰项，将使得模型更具一般性。这种干扰项称为干扰项类别。例如，如果想区分单轮脚踏车和踏板车的图片，并决定通过从网络上下载图片来添加未标记的图片集，则会出现这种情况。显然，基于上述的假设，将所有图片划分

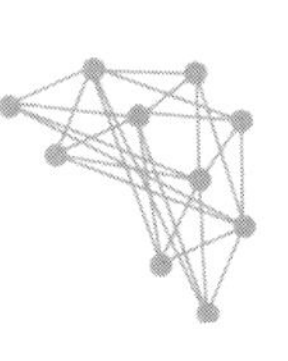

到单轮脚踏车或踏板车上是不现实的。即使进行了重点搜索，也有一些可能来自类似的类别，例如自行车。通过 soft k-means 的形式将其软分类到所有的类别上。干扰项可能是有害的，并且会干扰到细化的过程。因为原型向量可能会根据这些干扰项进行错误的调整。一个简单的解决这个问题的方式是添加一个额外的聚类中心，主要任务就是捕捉干扰项的信息。因此能够阻止这些干扰项对于各个类别聚类的干扰，下面给出具体的定义形式：

$$p_c = \begin{cases} \dfrac{\sum_i h(x_i) z_{i,c}}{\sum_i z_{i,c}}, & c = 1, 2, \cdots, N \\ 0, & c = N+1 \end{cases} \tag{4-10}$$

这里简单地假设干扰项类初始时拥有一个聚类中心。同时考虑引入长度尺度 r_c 来表示类别内部的距离变化。具体的定义形式如下：

$$z'_{j,c} = \frac{\exp\left(-\dfrac{1}{r_c^2}\|x'_j - p_c\|_2^2 - A(r_c)\right)}{\sum_{c'} \exp\left(-\dfrac{1}{r_c^2}\|x'_j - p_c\|_2^2 - A(r_{c'})\right)} \text{where}$$

$$A(r) = \frac{1}{2}\log(2\pi) + \log(\pi) \tag{4-11}$$

在实际的实验中，$r_{1,2,\cdots,N}$ 为实现设置的分类，干扰聚类为 r_{N+1}。

4.4 小 结

本章讲解了原型网络，原型网络使用嵌入函数计算类原型，并通过比较类原型和查询集嵌入之间的欧氏距离来预测查询集的类标签。在此基础上，使用一个原型网络对 MNIST 数据集进行分类；然后讲解了高斯原型网络，它在使用嵌入的同时使用协方差矩阵来计算类原型；最后研究了用于处理半监督类的半原型网络。

4.5 思 考 题

1. 什么是原型网络?
2. 什么是高斯原型网络和半原型网络?
3. 请描述原型网络的基本原理。
4. 请描述高斯原型网络的基本原理。
5. 你能否进一步列举 2 个原型网络的应用场景?

参 考 文 献

[1] Snell J,Swersky K,Zemel R. Prototypical networks for few-shot learning [M]. Advances in neural information processing systems,2017: 30-33.

[2] Fort S. Gaussian prototypical networks for few-shot learning on omniglot[EB/OL].(2017-08-0.9)[2023-05-01].https://arXiv.org/abs/1708.02735.

[3] Ren M,Triantafillou E,Ravi S,et al. Meta-learning for semi-supervised few-shot classification[EB/OL]. arXiv preprint arXiv:1803.00676. 2018.

[4] Allen KR, Shelhamer E, Shin H, et al. Infinite mixture prototypes for few-shot learning [C]// International Conference on Machine Learning,2019: 232-241.

[5] Altae-Tran H,Ramsundar B,Pappu AS,et al. Low data drug discovery with one-shot learning[J]. ACS central science,2017,3(4): 283-293.

[6] Cao T,Law M,Fidler S. A theoretical analysis of the number of shots in few-shot learning[DB/OL]. (2020-02-14)[2023-05-01].http://arXiv.org/abs/1909.11722.

[7] Chen WY,Liu YC,Kira Z,et al. A closer look at few-shot classification[DB/OL]. (2020-01-12)[2023-05-01].http://arXiv.org/abs/1904.04232.

[8] Chen Y,Wang X,Liu Z,et al. A new meta-baseline for few-shot learning[DB/OL]. (2021-08-19)[2023-05-01].http://arXiv.org/abs/2003.04390.

[9] 线岩团,相艳,余正涛,等. 用于文本分类的均值原型网络[J]. 中文信息学报,2020,34(6): 1-8.

[10] 杜炎,吕良福,焦一辰. 基于模糊推理的模糊原型网络[J]. 计算机应用,2021,41(7): 1863-1868.

第 5 章　关系网络与匹配网络

本章将讲解另一个有趣的单样本学习算法——关系网络。它是最简单、最有效的单样本学习算法之一。元学习旨在解决从少量样本中快速学习和泛化的问题，关系网络是为了实现这一目标而设计的。它的核心思想是学习一个关系评分函数，用于比较输入样本之间的相似性，从而进行快速的分类或回归任务。本章将探讨如何在单样本、少样本与零样本学习场景中使用关系网络。

本章内容：

- 关系网络。
- 单样本学习中的关系网络。
- 少样本学习中的关系网络。
- 零样本学习中的关系网络。
- 匹配网络。

5.1　关系网络

在 2018 年的论文 *Learning to compare: relation network for few-shot learning*[1]中，Flood Sung 等提出了一种名为关系网络（relation network，RN）的小样本学习算法。这种算法基于元学习理念，采用有监督学习来估计样本点之间的距离。通过比较新样本点与过去样本点之间的距离，使 RN 算法可以对新样本点进行分类。虽然它主要适用于小样本分类问题，但其实这种思路对于任何分类问题都是有效的。

关系网络算法的结构和思路简洁明了，无论是在小样本分类还是大样本分类问题上，其表现都相当出色。特别是在小样本分类问题上，它超越了之前表现最好的方法，成为了该算法的一大亮点。

RN 的基本结构包括以下两个主要部分。

(1) 特征提取器：对输入样本进行特征提取，通常采用神经网络(如卷积神经网络、循环神经网络或 Transformer 等)。这一阶段的目的是将输入样本映射到一个特征空间，以便更好地衡量相似性。

(2) 关系模块：在特征空间中计算输入样本之间的关系评分。关系模块通常由多层神经网络组成，输入是特征提取器提取的两个样本的特征向量(可以是连接、拼接、相减等操作后的向量)，输出是一个关系评分，表示两个样本之间的相似性。

在 RN 算法中，特征提取器和距离度量都包含可训练的参数，这意味着它们是通过监督学习得到的。通过这种方式可以获得一个更好地反映数据特性的特征提取器和距离度量，从而更准确地对任务特性建模。

通常情况下，距离度量采用的是各种常见的度量方法，如欧氏距离、余弦距离等。然而，在 RN 算法中，距离度量中的参数是可训练的。这意味着在整个元学习框架中，优化目标函数时，会同时估计特征提取器和距离度量中的参数。这样有助于提高元学习模型的性能，并取得更好的模型效果。

在训练阶段，RN 通过最小化预测关系评分与真实类别之间的损失来优化参数。在测试阶段，RN 可以处理新的少样本类别，实现高效的分类或回归任务。

RN 在许多元学习任务中表现出色，例如图像分类、自然语言处理等。通过学习比较输入样本之间的相似性，RN 能够在少量样本的情况下实现快速泛化。

5.1.1 单样本学习中的关系网络

在单样本学习任务中，关系网络的训练和应用方式与元学习中略有不同。因为单样本学习意味着每个类别只有一个样本可用，所以在训练阶段，需要针对每个类别的单个样本进行特征提取和关系度量的学习。在测试阶段，关系网络

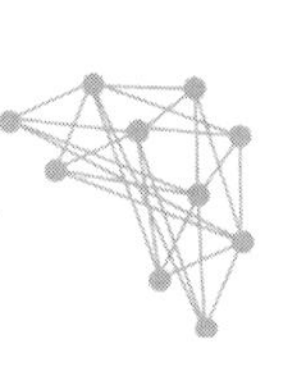

可以处理新的单样本类别，实现高效的分类或回归任务。

众所周知，在单样本学习中，每个类只有一个示例。例如，假设支持集包含 3 个类，每个类 1 个示例。如图 5-1 所示，有一个包含 3 个类别的支持集，即{昆虫，鸟，狗}。

假设有一个查询图像 x_j，如图 5-2 所示，希望预测该查询图像的类，图像如下所示。

标签 y_i	图像 x_i
狗	
昆虫	
鸟	

图 5-1　支持集

图 5-2　待查询图像示例

首先，从支持集中获取每个图像 $x[i]$，并将其传递给嵌入函数 $f[\Phi](x[j])$，以提取特征。由于支持集包含图像，因此可以使用卷积网络作为嵌入函数来学习嵌入。嵌入函数将提供支持集中每个数据点的特征向量。类似地，将把查询图像 $x[j]$传递给嵌入函数 $f[\Phi](x[j])$来学习其嵌入。

因此，一旦有了支持集 $f[\Phi](x[i])$和查询集 $f[\Phi](x[j])$的特征向量，就可以使用运算符 Z 组合它们。Z 可以是任何组合运算符；使用连接作为运算符，以合并支持集和查询集的特征向量，即 $Z(f[\Phi](x[i]),f[\Phi](x[j]))$。

如图 5-3 所示，我们将合并支持集 $f[\Phi](x[i])$和查询集 $f[\Phi](x[j])$的特征向量。但是这样的组合有什么用呢？这将帮助我们理解支持集中图像的特征向量与查询图像的特征向量之间的关系。在示例中，它将帮助我们理解昆虫、鸟和狗的图像的特征向量与查询图像的特征向量之间的关系，如图 5-3 所示。

但是如何衡量这种关联性呢？这就是为什么使用关系函数 $g(\Phi)$的原因。

图 5-3 关系图

将这些组合的特征向量传递给关系函数，该函数将生成从 0 到 1 的关系得分，代表支持集 $x[i]$中的样本与查询集 $x[j]$中的样本之间的相似性。

以下等式说明了如何计算关系网络中的关系得分。

$$r[i,j]=g_{\Phi}(Z(f_{\Phi}(x_i),f_{\Phi}(x_j))) \tag{5-1}$$

在该等式中，$r[i,j]$表示在支持集中的每个类别和查询图像之间的相似性的关系分数。由于支持集中有 3 个类别，在查询集中有 1 个图像，因此将获得 3 个分数，表明支持集中的所有 3 个类别与查询图像的相似程度。

图 5-4 显示了在单样本学习设置中关系网络的整体表示。

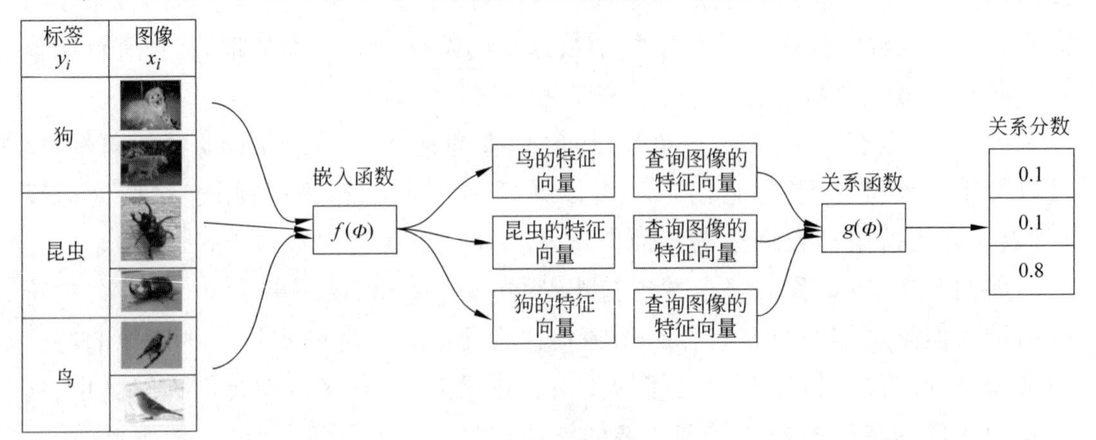

图 5-4 关系网络的整体表示

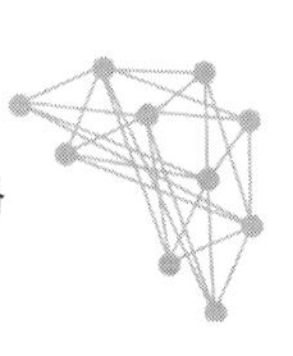

5.1.2　少样本学习中的关系网络

在少样本学习任务中,关系网络的训练方式通常采用 N-way K-shot 的设置。这意味着在每个训练任务中,从 N 个类别中每个类别选择 K 个样本作为支持集。关系网络根据支持集中的样本学习类别之间的相似性度量。在测试阶段,关系网络需要对新的样本进行分类,这些样本可能来自训练中未见过的类别。关系网络将新样本与支持集中的样本进行关系度量比较,根据相似性对新样本进行分类[7-10]。

关系网络在少样本学习任务中的具体流程主要分为以下几个步骤。

(1) 数据集划分。将数据集划分为训练集、验证集和测试集。训练集用于训练关系网络模型,验证集用于调整模型超参数,测试集用于评估模型在未知数据上的性能。

(2) 任务构建。在少样本学习中,通常使用 N-way K-shot 的设置。对于每个训练任务,从训练集中随机选择 N 个类别,然后从每个类别中选择 K 个样本作为支持集。此外,从每个类别中选择一个或多个样本作为查询集,用于计算损失和更新模型参数。

(3) 特征提取。利用特征提取器(如卷积神经网络、循环神经网络或 Transformer 等)对支持集和查询集中的样本进行特征提取。这一阶段的目的是将输入样本映射到一个特征空间,以便更好地衡量相似性。

(4) 关系度量。在特征空间中计算查询集中每个样本与支持集中所有样本之间的关系评分。关系模块通常由多层神经网络组成,输入是特征提取器提取的两个样本的特征向量(可以是连接、拼接、相减等操作后的向量),输出是一个关系评分,表示两个样本之间的相似性。

(5) 损失计算与参数更新。根据查询集中样本的关系评分计算损失函数(如交叉熵损失),然后使用梯度下降法(如 SGD、Adam 等优化器)更新模型参数。

(6) 验证与模型选择。在验证集上进行类似的任务构建和关系网络应用过程,根据验证集上的性能调整模型超参数和选择最优模型。

(7) 测试与性能评估。在测试集上应用训练好的关系网络,评估模型在未知数据上的泛化性能。

5.1.3 零样本学习中的关系网络

零样本学习(zero-shot learning,ZSL)是一种特殊的少样本学习任务,要求模型在训练过程中没有看到目标类别的任何样本。在零样本学习中,关系网络可以通过学习类别属性(如语义信息、视觉特征等)之间的关系来推断未见过的类别。

在零样本学习中使用关系网络的具体流程如下。

(1) 数据集划分。将数据集划分为训练集、验证集和测试集。训练集用于训练关系网络模型,验证集用于调整模型超参数,测试集用于评估模型在未知数据上的性能。

(2) 任务构建。与传统的少样本学习任务不同,零样本学习中训练集包含已知类别的样本,而测试集包含未知类别的样本。这些未知类别没有出现在训练过程中。

(3) 属性信息。为每个类别分配一个属性向量,通常采用语义嵌入(如Word2Vec、Glove等)表示类别的语义信息。属性向量可以帮助关系网络理解类别之间的关系,从而实现对未见过类别的泛化。

(4) 特征提取。利用特征提取器(如卷积神经网络、循环神经网络或Transformer等)对训练集中的样本进行特征提取。

(5) 关系模块训练。在特征空间中计算训练集中样本与对应属性向量之间的关系评分。通过最小化训练集上的损失函数(如交叉熵损失)来训练关系模块。

(6) 验证与模型选择。在验证集上进行类似的任务构建和关系网络应用过程,根据验证集上的性能调整模型超参数和选择最优模型。

(7) 测试与性能评估。在测试集上应用训练好的关系网络,利用属性向量为未知类别的样本计算关系评分。根据关系评分对未知类别的样本进行分类,并评估模型在未知数据上的泛化性能。

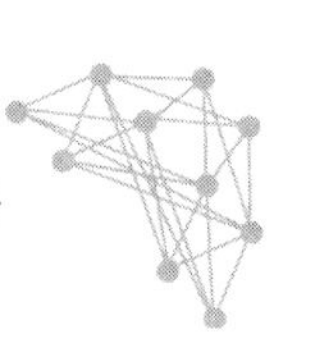

以下是一个基于 Relation Network 的单样本学习示例代码，数据集是常用的 mini-ImageNet。

（1）导入所需依赖。

```
import tensorflow as tf
from tensorflow.keras import layers
import task_generator as tg
import math
from PIL import Image
import matplotlib.pyplot as plt
import os
import argparse
import numpy as np
import scipy as sp
import scipy.stats
```

（2）定义超参数，可以根据实际需要更改。

```
parser = argparse.ArgumentParser(description="One Shot Visual Recognition")
parser.add_argument("-f","--feature_dim",type = int, default = 64)
parser.add_argument("-r","--relation_dim",type = int, default = 8)
parser.add_argument("-w","--class_num",type = int, default = 5)
parser.add_argument("-s","--sample_num_per_class",type = int, default = 1)
parser.add_argument("-b","--batch_num_per_class",type = int, default = 15)
parser.add_argument("-e","--episode",type = int, default= 500000)
parser.add_argument("-t","--test_episode", type = int, default = 600)
parser.add_argument("-l","--learning_rate", type = float, default = 0.001)
parser.add_argument("-u","--hidden_unit",type=int,default=10)
args = parser.parse_args()
#Hyper Parameters
FEATURE_DIM = args.feature_dim
RELATION_DIM = args.relation_dim
CLASS_NUM = args.class_num
SAMPLE_NUM_PER_CLASS = args.sample_num_per_class
BATCH_NUM_PER_CLASS = args.batch_num_per_class
EPISODE = args.episode
TEST_EPISODE = args.test_episode
LEARNING_RATE = args.learning_rate
HIDDEN_UNIT = args.hidden_unit
```

(3) 定义函数,计算测试准确率的平均值和置信区间。

```
def mean_confidence_interval(data, confidence=0.95):
    a = 1.0 * np.array(data)
    n = len(a)
    m, se = np.mean(a), scipy.stats.sem(a)
    h = se * sp.stats.t._ppf((1+confidence)/2., n-1)
    return m,h
```

(4) 定义两个神经网络模型:CNNEncoder 和 RelationNetwork。CNNEncoder 用于提取特征,RelationNetwork 用于比较两个样本之间的相似性。

```
class CNNEncoder(tf.keras.Model):
    def __init__(self):
        super(CNNEncoder, self).__init__(name='CNNEncoder')
        self.conv2a = layers.Conv2D(filters=64,input_shape=(84,84,3),kernel_
        size=(3,3),padding='valid',bias_initializer='glorot_uniform')
        self.bn2a = layers.BatchNormalization(axis=3,momentum=0.0,
        epsilon=1e-05,fused=False)
        self.pool2a = layers.MaxPool2D(pool_size=(2,2))
        self.conv2b = layers.Conv2D(filters=64,kernel_size=(3,3),
        padding='valid',bias_initializer='glorot_uniform')
        self.bn2b = layers.BatchNormalization(axis=3,momentum=0.0,
        epsilon=1e-05,fused=False)
        self.pool2b = layers.MaxPool2D(pool_size=(2,2))
        self.conv2c = layers.Conv2D(filters=64,kernel_size=(3,3),
        padding='same',bias_initializer='glorot_uniform')
        self.bn2c = layers.BatchNormalization(axis=3,momentum=0.0,
        epsilon=1e-05,fused=False)
        self.conv2d = layers.Conv2D(filters=64,kernel_size=(3,3),
        padding='same',bias_initializer='glorot_uniform')
        self.bn2d = layers.BatchNormalization(axis=3,momentum=0.0,
        epsilon=1e-05,fused=False)
    def call(self, input_tensor, training=False):
        x = self.conv2a(input_tensor)
        x = self.bn2a(x,training)
        x = tf.nn.relu(x)
        x = self.pool2a(x)
        x = self.conv2b(x)
        x = self.bn2b(x,training)
```

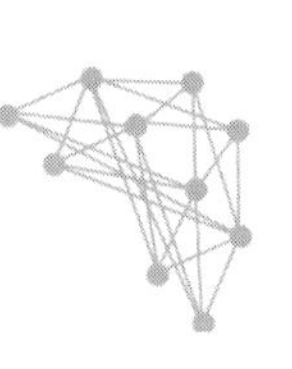

```
        x = tf.nn.relu(x)
        x = self.pool2b(x)
        x = self.conv2c(x)
        x = self.bn2c(x,training)
        x = tf.nn.relu(x)
        x = self.conv2d(x)
        x = self.bn2d(x,training)
        return tf.nn.relu(x)
class RelationNetwork(tf.keras.Model):
    def __init__(self):
        super(RelationNetwork, self).__init__(name='RelationNetwork')
        self.conv2a = layers.Conv2D(filters=64,input_shape=(19,19,128),
        kernel_size=(3,3),padding='valid',bias_initializer='glorot_uniform')
        self.bn2a = layers.BatchNormalization(axis=3,momentum=0.0,
        epsilon=1e-05,fused=False)
        self.pool2a = layers.MaxPool2D(pool_size=(2,2))
        self.conv2b = layers.Conv2D(filters=64,kernel_size=(3,3),padding=
        'valid',bias_initializer='glorot_uniform')
        self.bn2b = layers.BatchNormalization(axis=3,momentum=0.0,
        epsilon=1e-05,fused=False)
        self.pool2b = layers.MaxPool2D(pool_size=(2,2))
        self.fc1 = layers.Dense(8,activation='relu')
        self.fc2 = layers.Dense(1,activation='sigmoid')
    def call(self, input_tensor, training=False):
        x = self.conv2a(input_tensor)
        x = self.bn2a(x,training)
        x = tf.nn.relu(x)
        x = self.pool2a(x)
        x = self.conv2b(x)
        x = self.bn2b(x,training)
        x = tf.nn.relu(x)
        x = self.pool2b(x)
        x = layers.Flatten()(x)
        x = self.fc1(x)
        x = self.fc2(x)
        return x
```

（5）使用 TensorFlow 2.x 中的@tf.function 装饰器来构建计算图。通过 train_one_step()函数实现单步训练的计算图，使用 MSE 损失函数来计算训练误差,并通过反向传播算法更新网络参数。通过 test() 函数实现测试的计算图,用于评估网络在测试集上的分类精度。

```
@tf.function
def train_one_step(feature_encoder, relation_network, feature_encoder_optim,
relation_network_optim, samples, sample_labels, batches, batch_labels):
    with tf.GradientTape() as feature_encoder_tape, tf.GradientTape()
        as relation_network_tape:
            sample_features = feature_encoder(samples,True)
            batch_features = feature_encoder(batches,True)
            sample_features_ext = tf.repeat(tf.expand_dims(sample_features,
            0),BATCH_NUM_PER_CLASS * CLASS_NUM,axis=0)
        batch_features_ext = tf.repeat(tf.expand_dims(batch_features,0),
        CLASS_NUM,axis=0)
        batch_features_ext = tf.transpose(batch_features_ext,(1,0,2,3,4))
        relation_pairs = tf.reshape(tf.concat([sample_features_ext,batch_
        features_ext],axis=4),(-1,19,19,FEATURE_DIM * 2))
        relations = tf.reshape(relation_network(relation_pairs,True),(-1,
        CLASS_NUM))
        mse = tf.keras.losses.MeanSquaredError()
        one_hot_labels = tf.squeeze(batch_labels)
        loss = mse(relations,one_hot_labels)
    grads_feature_encoder = feature_encoder_tape.gradient(loss,
    feature_encoder.trainable_variables)
    grads_relation_network = relation_network_tape.gradient(loss,
    relation_network.trainable_variables)
    feature_encoder_optim.apply_gradients(zip(grads_feature_encoder,
    feature_encoder.trainable_variables))
    relation_network_optim.apply_gradients(zip(grads_relation_network,
    relation_network.trainable_variables))
    return loss
@tf.function
def test(feature_encoder, relation_network, samples, sample_labels, batches,
batch_labels):
    sample_features = feature_encoder(samples,True)
    batch_features = feature_encoder(batches,True)

    sample_features_ext = tf.repeat(tf.expand_dims(sample_features,0),
3 * CLASS_NUM,axis=0)
```

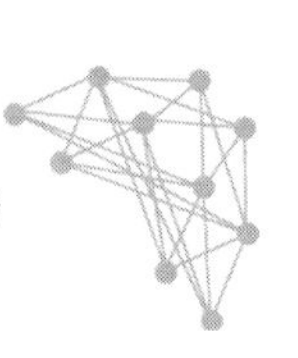

```
    batch_features_ext = tf.repeat(tf.expand_dims(batch_features,0),CLASS_
    NUM,axis=0)
    batch_features_ext = tf.transpose(batch_features_ext,(1,0,2,3,4))
    relation_pairs = tf.reshape(tf.concat([sample_features_ext,batch_features
    _ext],axis=4),(-1,19,19,FEATURE_DIM*2))
    relations = tf.reshape(relation_network(relation_pairs,True),(-1,CLASS_NUM))
    labels = tf.math.argmax(tf.squeeze(batch_labels),1)
    predict_labels = tf.math.argmax(relations,1)
    rewards = [1.0 if predict_labels[i] == labels[i] else 0.0 for i in range(15)]
    return np.sum(rewards)/15.0
```

（6）训练和测试。通过 main()函数实现了训练和测试的主要逻辑。在每个训练 episode 中，通过 task_generator.py 中的 MiniImagenetTask()函数生成一个小样本分类任务。该任务包含了一些训练样本和一些测试样本，用于训练和测试网络。首先通过 sample_dataset 和 batch_dataset 分别生成训练样本和测试样本的 dataloader。然后使用 tf.GradientTape()计算梯度，并使用 tf.keras.optimizers.Adam()优化器来更新网络参数。

```
def main():
    #Step 1: init data folders
    print("init data folders")
    metatrain_folders,metatest_folders = tg.mini_imagenet_folders()
    #init character folders for dataset construction
    #Step 2: init neural networks
    print("init neural networks")
    feature_encoder = CNNEncoder()
    relation_network = RelationNetwork()
    feature_encoder_scheduler = tf.keras.optimizers.schedules.ExponentialDecay(
    LEARNING_RATE,100000,0.5,staircase=True)
    feature_encoder_optim = tf.keras.optimizers.Adam(learning_rate=0.001,
    epsilon=1e-08)
    relation_network_scheduler = tf.keras.optimizers.schedules.ExponentialDecay(
    LEARNING_RATE,100000,0.5,staircase=True)
    relation_network_optim = tf.keras.optimizers.Adam(learning_rate=0.001,
    epsilon=1e-08)
    if os.path.exists(str("models/miniimagenet_feature_encoder_" + str(CLASS_
    NUM) +"way_" + str(SAMPLE_NUM_PER_CLASS) +"shot")):
```

```
        feature_encoder = tf.keras.models.load_model(str("models/miniimagenet_
        feature_encoder_" + str(CLASS_NUM) +"way_"+ str(SAMPLE_NUM_PER_CLASS)
        +"shot"))
        print("load feature encoder success")
    if os.path.exists(str("models/miniimagenet_relation_network_"+ str(CLASS_
    NUM) +"way_" +str(SAMPLE_NUM_PER_CLASS) +"shot")):
          relation_network = tf.keras.models.load_model(str("models/
          miniimagenet_relation_network_" + str(CLASS_NUM) +"way_" + str
          (SAMPLE_NUM_PER_CLASS) +"shot"))
        print("load relation network success")
    #Step 3: build graph
    print("Training...")
    last_accuracy = 0.0
    for episode in range(EPISODE):
        task = tg.MiniImagenetTask(metatrain_folders,CLASS_NUM,
        SAMPLE_NUM_PER_CLASS,BATCH_NUM_PER_CLASS)
        sample_dataset = tg.dataset(task,SAMPLE_NUM_PER_CLASS,
        split='train',shuffle=False)
        batch_dataset = tg.dataset(task,BATCH_NUM_PER_CLASS,
        split='test',shuffle=True)
         sample_dataloader = tf.data.Dataset.from_generator(sample_dataset.
         generator, output_types=(tf.float32, tf.float32), output_shapes =
         ((84,84,3),(5,1)))
         .batch(SAMPLE_NUM_PER_CLASS * CLASS_NUM).take(1)
         batch_dataloader = tf.data.Dataset.from_generator(batch_dataset.
         generator, output_types=(tf.float32, tf.float32), output_shapes =
         ((84,84,3),(5,1)))
         batch(BATCH_NUM_PER_CLASS * CLASS_NUM).take(1)
        samples,sample_labels = next(iter(sample_dataloader))
        batches,batch_labels = next(iter(batch_dataloader))
         loss = train_one_step(feature_encoder, relation_network, feature_
         encoder_optim, relation_network_optim, samples, sample_labels,
         batches, batch_labels).numpy()
        if (episode+1)%100 == 0:
            print("episode:",episode+1,"loss",loss)
        if episode%5000 == 0:
            #test
            print("Testing...")
            accuracies = []
```

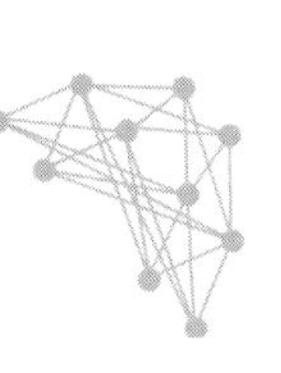

```
        for i in range(TEST_EPISODE):
            task = tg.MiniImagenetTask(metatest_folders,CLASS_NUM,
            SAMPLE_NUM_PER_CLASS,BATCH_NUM_PER_CLASS)
            sample_dataset = tg.dataset(task,SAMPLE_NUM_PER_CLASS,
            split='train',shuffle=False)
            batch_dataset = tg.dataset(task,3,split='test',shuffle=True)
              sample_dataloader = tf.data.Dataset.from_generator(sample_
              dataset.generator, output_types=(tf.float32, tf.float32),
              output_shapes = ((84,84,3),(5,1)))
                    .batch(SAMPLE_NUM_PER_CLASS * CLASS_NUM).take(1)
              batch_dataloader = tf.data.Dataset.from_generator(batch_
              dataset.generator, output_types=(tf.float32, tf.float32),
              output_shapes = ((84,84,3),(5,1))).batch(3 * CLASS_NUM).take
              (1)
            samples,sample_labels = next(iter(sample_dataloader))
            batches,batch_labels = next(iter(batch_dataloader))
              accuracies.append(test(feature_encoder, relation_network,
              samples, sample_labels, batches, batch_labels))
        test_accuracy,h = mean_confidence_interval(accuracies)
        print("test accuracy:",test_accuracy,"h:",h)
        if test_accuracy > last_accuracy:
            #save networks
            feature_encoder.save(str("models/miniimagenet_feature_encoder_"
            + str(CLASS_NUM) +"way_" +
            str(SAMPLE_NUM_PER_CLASS) +"shot"),save_format='tf')
            relation_network.save(str("models/miniimagenet_relation_network_"
            + str(CLASS_NUM) +"way_" +
            str(SAMPLE_NUM_PER_CLASS) +"shot"),save_format='tf')
            print("save networks for episode:",episode)
            last_accuracy = test_accuracy
if __name__ == '__main__':
    main()
```

5.2 匹配网络

在少样本学习中,模型需要在非常有限的训练样本下学会泛化并识别新的样本。匹配网络是一种端到端可训练的模型,通过学习一个度量空间,使得模型可以对给定的支持集中的样本进行比较[2]。

匹配网络的主要组成部分如下。

(1) 嵌入函数(embedding function)。用于将原始输入(如图像或文本)转换为特征表示。这可以是任何类型的网络,例如卷积神经网络或循环神经网络。

(2) 注意力机制(attention mechanism)。注意力机制用于计算支持集中样本和查询样本之间的相似度。这通常包括计算嵌入表示之间的距离,如余弦距离或欧氏距离。

(3) 计算权重。通过 softmax 激活函数将相似度转换为概率分布,得到查询样本属于每个支持集样本类别的概率。

(4) 预测。将查询样本的概率分布与支持集中样本的标签进行加权求和,以生成对查询样本的预测。

匹配网络的主要思想是通过学习度量空间将支持集中的样本与查询样本进行比较,以生成对查询样本的预测。在训练过程中,匹配网络学会将同一类别的样本映射到相似的特征表示,从而能够识别新的、未见过的样本。

在一些典型的少样本学习任务上匹配网络表现良好,例如 Omniglot 和 mini-ImageNet 数据集。此外,由于匹配网络可以进行端到端训练,因此可以与不同类型的输入数据和神经网络结构集成。

5.3 小　　结

本章介绍了在少样本学习中如何使用匹配网络和关系网络。讲解了一个关系网络如何学习支持集和查询集的嵌入,并将这些嵌入进行组合,将其馈送到关系函数,以计算关系得分。还讲解了匹配的网络如何使用两种不同的嵌入函数来进行支持集和查询集的嵌入,以及如何预测查询集的类。

5.4 思　考　题

1. 什么是关系网络和匹配网络？
2. 关系网络有哪几种？
3. 匹配网络的主要组成部分是什么？
4. 关系网络的基本结构是什么？
5. 列举两个关系网络的应用场景。

参考文献

[1] Sung F, Yang Y, Zhang L, et al. Learning to compare: Relation network for few-shot learning [M]. Proceedings of the IEEE conference on computer vision and pattern recognition, 2018: 1199-1208.

[2] Vinyals O, Blundell C, Lillicrap T, et al. Matching networks for one shot learning[DB/OL]. (2017-12-29)[2023-05-01]. http://arXiv.org/abs/1606.04080.

[3] Oreshkin B, Rodríguez López P, Lacoste A. Tadam: Task dependent adaptive metric for improved few-shot learning[J]. Advances in Neural Information Processing Systems, 2018(31): 721-731.

[4] Antol S, Agrawal A, Lu J, et al. Vqa: Visual question answering[C]//Proceedings of the IEEE international conference on computer vision, 2005: 2425-2433.

[5] Graves A, Wayne G, Reynolds M, et al. Hybrid computing using a neural network with dynamic external memory[J]. Nature, 2016, 538(7626): 471-476.

[6] Henaff M, Weston J, Szlam A. Tracking the world state with recurrent entity networks[DB/OL]. (2016-12-12)[2023-05-01]. http://arXiv.org/abs/1612.03969.

[7] 王年，孟树林，吴洛天，等. 基于改进关系网络的小样本学习[J]. 安徽大学学报(自然科学版)，2020，54(4)：9-16.

[8] 张碧陶，庞振全. 融合强化学习和关系网络的样本分类[J]. 计算机工程与应用，2019，55(21)：62-68.

[9] 汪荣贵，郑岩，杨娟，等. 代表特征网络的小样本学习方法[J]. 中国图象图形学报，2019，24(9)：1447-1455.

[10] 魏胜楠，张景异，陈亮，等. 自适应局部关系网络的小样本学习方法[J]. 沈阳理工大学学报，2021，39(4)：350-357.

第6章　记忆增强神经网络

本章将讲解记忆增强神经网络(memory-augmented neural networks，MANN)。当前的机器学习模型往往忽略了逻辑流控制(logical flow control，LFC)以及外部记忆能力，这使得这些机器学习模型往往无法高效地利用内部可训练参数来获得较强的记忆能力，或者学习到解决问题的显式策略。目前常用的GRU、LSTM在处理任务时都具有一定的记忆能力，但这种记忆能力都受到可训练参数数目的影响。

MANN摆脱了可训练参数与模型记忆能力之间的必然联系，在One-shot学习方面有显著的效果。MANN与其前身神经图灵机(neural turing machines，NTM)一样，都具有增强记忆功能的架构，提供了快速编码和读取新信息的能力，因此能够避免模型遇到新数据时低效率地重复学习新参数。MANN在NTM的基础上更改了寻址机制，下面先了解神经图灵机NTM，再深入研究记忆增强神经网络MANN[1-5]。

本章内容：

- NTM神经图灵机。
- NTM中的读写。
- NTM的寻址机制。
- 基于NTM的复制任务。
- MANN记忆增强神经网络。

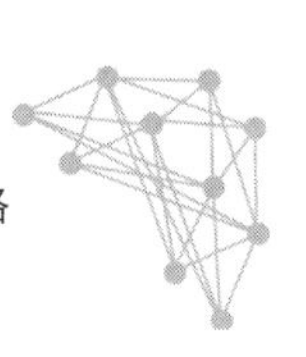

6.1　神经图灵机(NTM)

神经图灵机(NTM)能够在存储器中存储和检索信息,其思想是用外部存储器来代替隐状态作为存储器,利用外部存储器进行信息存储和检索,进而增强神经网络的学习能力。NTM 由 3 个主要部件组成,分别是控制器、读头写头和存储器,其结构如图 6-1 所示。

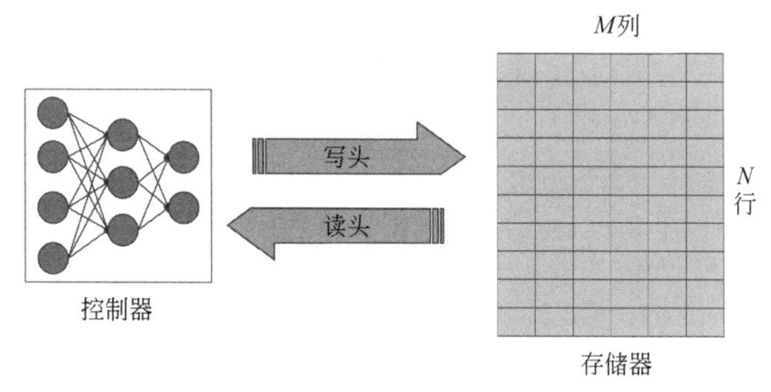

图 6-1　神经图灵机结构图

(1) **控制器**:通常是前馈神经网络或递归神经网络,用于完成对存储器的读写。

(2) **存储器**:一般为存储矩阵(memory matrix)、存储体(memory bank)或简单的存储器,是用来存储状态信息的地方。存储矩阵又称为记忆矩阵,一般是 N 行和 M 列的二维矩阵,控制器使用读头和写头来访问存储器中的内容。因此控制器通过接受外部输入与存储矩阵进行交互。

(3) **读头和写头**:读头和写头是包含存储地址的指针,帮助控制器完成对存储器的读写,是两者之间沟通的双向桥梁。

从 NTM 的结构中可以看出,读头和写头是结构运行的关键部件,它们是如何工作的? 一般情况下,习惯使用行、列索引来访问矩阵中的元素,但是在 NTM 中不适用,因为使用行、列索引无法进行梯度下降,索引值是不可微的。NTM 使用控制器的模糊操作(blurry operation)机制,实际上是一种软注意力机制,即对存储器中的所有元素都进行交互,但是重点关注存储器中的重要位置,并忽略其

他位置。接下来我们会讨论具有上述特点的读头与写头部分[6]。

6.1.1 NTM中的读、写机制

1. 读操作

读操作从存储器中读取数值，但是哪些存储器位置是控制器想要提取的呢？NTM中用权向量来决定，权向量由注意力机制得到，用于描述存储器中各个区域的重要性。权向量是长度为 N 的向量，并且经过归一化处理，它的取值范围为0～1，所有值的和为1，图6-2就是一个长度为6的权向量。

0.1	0.4	0.2	0.1	0.1	0.1

图 6-2 权向量($\boldsymbol{w}_t$)

在权向量 $\boldsymbol{w}_t$ 中，下标 t 表示时间，$w_t(i)$表示权向量中索引为 i、时间为 t 处的元素，其满足以下公式：

$$\sum_i w_t(i)=1, \quad 0 \leqslant w_t(i) \leqslant 1, \forall i \tag{6-1}$$

存储矩阵由 N 行和 M 列组成。将 t 时刻的存储矩阵记为 $\boldsymbol{M}_t$，在已知权向量和存储矩阵的情况下，可将存储矩阵 $\boldsymbol{M}_t$ 和权向量 $\boldsymbol{w}_t$ 进行线性组合，得到读向量(read vector)$\boldsymbol{r}_t$。

$$\boldsymbol{r}_t \Leftarrow \sum_i w_t(i)\boldsymbol{M}_t(i) \tag{6-2}$$

其中 $w_t(i)$是第 i 行的读权重，$\boldsymbol{M}_t(i)$是存储矩阵第 i 行的数据。计算机中的读操作是从单独地址中读数据，NTM则是对于每一个地址分配了一个权值，如果 w_t 是one-hot编码的形式，那么NTM就会类似于计算机一样从单一地址中读取数据，其效果如图6-3所示。

2. 写操作

受到长短记忆神经网络(long short-term memory，LSTM)中输入门(input gate)和遗忘门(forget gate)的启发，NTM写操作由两个子操作组成：擦除(erase)和添加(add)。两个子操作完成向存储矩阵添加新信息和擦除无用信息。

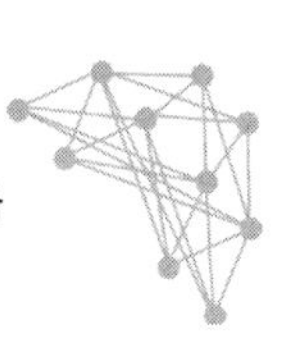

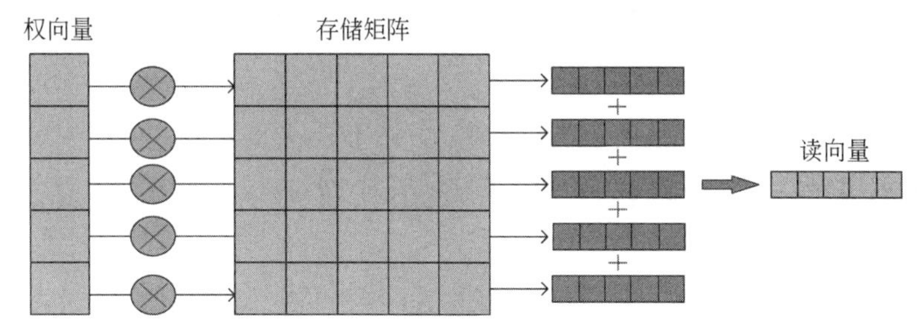

图 6-3 获得读向量

先讲擦除操作，擦除操作的目的是删除存储器中不需要的信息，但是如何实现擦除原有存储器中的一部分元素呢？NTM 引入了擦除向量 $\boldsymbol{e}_t$，它和权向量 $\boldsymbol{w}_t$ 一样长，不同的是擦除向量的元素都处于 0 到 1 之间且不限制合为 1，擦除向量作用于存储矩阵的公式如下：

$$\boldsymbol{M}_t^*(i) \Leftarrow (1 - w_t(i)\boldsymbol{e}_t)\boldsymbol{M}_{t-1}(i) \tag{6-3}$$

可以看出，$(1-w_t(i)\boldsymbol{e}_t)$ 乘以上一步的矩阵 $\boldsymbol{M}_{t-1}(i)$，得到了擦除后的矩阵 $\boldsymbol{M}_t^*(i)$。$(1-w_t(i)\boldsymbol{e}_t)$ 是如何起作用的呢？只有当权向量和擦除向量的索引 i 处元素都为 1 时，存储器中的特定元素才会设定为 0，即被擦除；否则，它将不会被完全擦除。其效果如图 6-4 所示，权向量 $\boldsymbol{w}_t$ 与擦除向量 $\boldsymbol{e}_t$ 对应位置相乘，再用相同长度的全 1 向量减去所得到的向量，就可以得到 $(1-w_t(i)\boldsymbol{e}_t)$。

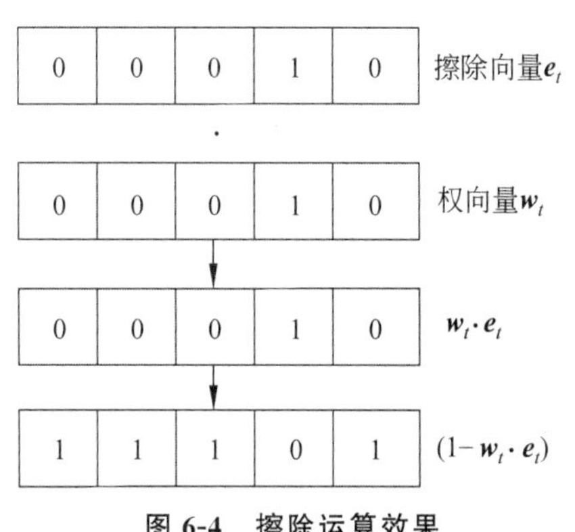

图 6-4 擦除运算效果

从 $(1-w_t(i)\boldsymbol{e}_t)$ 的格式可以看出，它将会擦除存储矩阵的特定行数据。比较极端的情况是擦除向量和权向量所有元素全为 1，则存储矩阵中的所有信息都会被清零；另一种情况则是擦除向量和权向量所有元素乘积全部为 0，则存储矩阵的所有信息都会被保留；其余情况下存储矩阵中的部分信息会被擦除。

完成擦除操作后，得到更新后的存储矩阵 $\boldsymbol{M}_t^*$。要向存储矩阵中添加新的信息，需要引入另一个向量——加向量 $\boldsymbol{a}_t$，它包含要添加到存储器中的值。如公

式(6-4)所示,把权向量 $\boldsymbol{w}_t$ 与加向量 $\boldsymbol{a}_t$ 的元素相乘,将其与存储矩阵相加,即 $\boldsymbol{M}_t(i) \Leftarrow \boldsymbol{M}_t^*(i) + w_t(i)\boldsymbol{a}_t$。

当有多个写头进行擦除或新增时,顺序并不重要,也就是擦除操作之间的顺序是不影响结果的。添加操作同理。综合上述对于写入操作的描述,可以得到写入操作的总体公式[7]:

$$\boldsymbol{M}_t(i) \Leftarrow (1 - w_t(i)\boldsymbol{e}_t)\boldsymbol{M}_{t-1}(i) + w_t(i)\boldsymbol{a}_t \tag{6-4}$$

6.1.2 寻址机制

前面讲解了 NTM 如何进行读写操作,其中权向量 $\boldsymbol{w}_t$ 参与决定了读、写内容在存储矩阵中的位置,可以说由权向量 $\boldsymbol{w}_t$ 完成了一种寻址机制。接下来将要解决权向量 $\boldsymbol{w}_t$ 如何得到的问题。寻址机制可以分为两个方向,分别是基于内容的寻址和基于位置的寻址[8]。

1. 基于内容的寻址

在基于内容的寻址(图 6-5)当中,是根据相似性从存储器中选择目标值的,如何描述目标存储器地址中元素的相似性呢?NTM 引入了一个新的参数——键向量(key vector)$\boldsymbol{k}_t$,将其与存储矩阵 $\boldsymbol{M}_t$ 中的每一行进行相似性比较,以学习相似性。这里使用的余弦相似度作为度量方式,其公式如下。

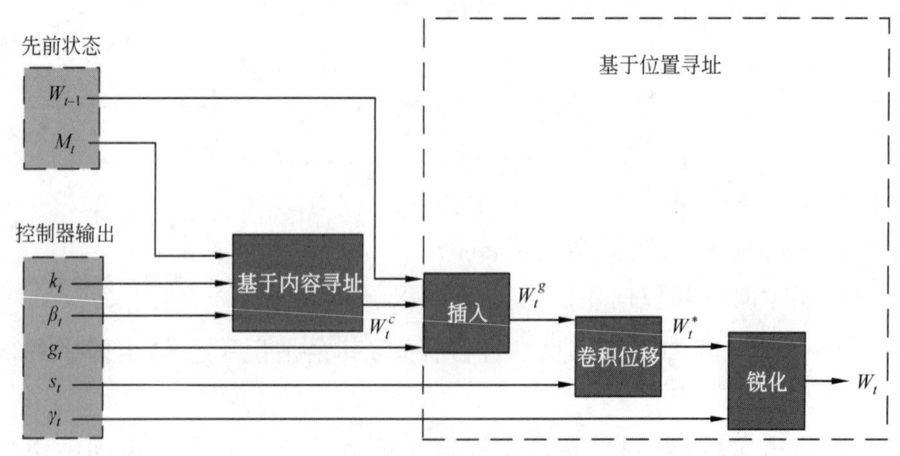

图 6-5 寻址机制图

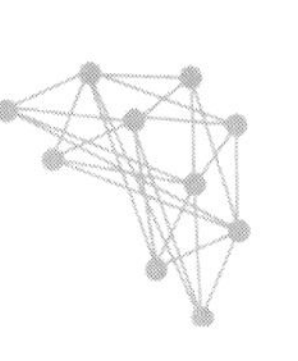

$$\cos(k_t, \boldsymbol{M}_t) = \frac{k_t \cdot \boldsymbol{M}_t}{|k_t| \cdot |\boldsymbol{M}_t|} \tag{6-5}$$

在此基础上，为了使得权向量的注意力能够进行自动调节，提出了一个参数键强度(key strength)参数 β。根据 β 的值可以放大或衰减焦点，调整权向量 $\boldsymbol{w}_t$ 中对某个位置的关注程度。当 β 值较小时，权向量 $\boldsymbol{w}_t$ 对于存储器中的每个位置的注意力相当；当 β 值较大时，注意力集中在特定位置。因此可以得到如下权向量表达式：

$$w_t^c = \beta_t \cos(k_t, \boldsymbol{M}_t) \tag{6-6}$$

即用键向量 $\boldsymbol{k}_t$ 与存储矩阵 $\boldsymbol{M}_t$ 之间的余弦相似度乘以键强度 β。w_t^c 的上标 c 表示基于内容的寻址方式。但一般不会直接使用它，而是经过 softmax 的处理后再使用，其公式变为：

$$w_t^c = \frac{\exp(\beta_t \cos(k_t, \boldsymbol{M}_t))}{\sum_j \exp(\beta_t \cos(k_t, \boldsymbol{M}_t))} \tag{6-7}$$

w_t^c 在读取和写入时具有不同的意义，读取时表示读头的数据有多少来自存储矩阵 $\boldsymbol{M}_t(i)$，写入时表示写头的数据最终有多少写入了内存单元 $\boldsymbol{M}_t$。

2. 基于位置的寻址

与基于内容的寻址不同，在基于位置的寻址中，关注的是位置而不是内容。有时需要连续地读取内存中的数据，当前读取数据的地址应当是上次访问地址的后续地址，所以基于位置的寻址可以促进内存位置之间的简单迭代和随机跳转。它包含3个步骤，分别是插值(interpolation)、卷积(convolution shift)和锐化(sharpening)[8]。

步骤一：插值。它用于决定是使用上一时刻得到的权向量 $\boldsymbol{w}_{t-1}$，还是使用基于内容的寻址得到的权重 $\boldsymbol{w}_t^c$。这里需要一个参数 g_t，取值范围在0到1之间，则基于位置的权向量满足以下公式：

$$\boldsymbol{w}_t^g \Leftarrow g_t \boldsymbol{w}_t^c + (1 - g_t) \boldsymbol{w}_{t-1} \tag{6-8}$$

当 g_t 为0时，$\boldsymbol{w}_t^g$ 为 $\boldsymbol{w}_{t-1}$ 表示完全取上一时刻的权向量；而当 g_t 为1时，取 $\boldsymbol{w}_t^g$ 为 $\boldsymbol{w}_t^c$ 表示权向量由当前时刻基于内容寻址获得。

步骤二：卷积位移。用来移动注意力关注点的位置，可以将权向量的焦点

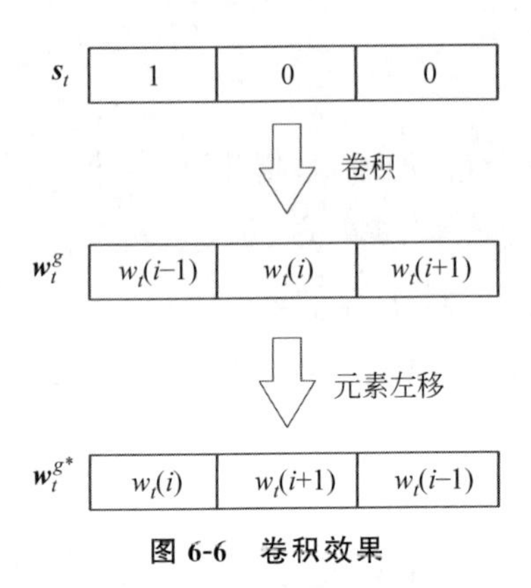

图 6-6 卷积效果

从一个位置移动到另一个位置，位移权重给出允许整数位移的区间。比如对于一个长度为 3 的向量 $\boldsymbol{s}_t=(1,0,0)$，表示将所有权重向前移动一位。如图 6-6 所示，$\boldsymbol{s}_t=(1,0,0)$ 作用于权向量 $\boldsymbol{w}_t^g=[\boldsymbol{w}_t(i-1),\boldsymbol{w}_t(i),\boldsymbol{w}_t(i+1)]$，使得所有元素左移了一位得到 $\boldsymbol{w}_t^{g^*}$。

同理，当位移权重 $\boldsymbol{s}_t=(0,1,0)$，表示保持权向量的分布；当位移权重 $\boldsymbol{s}_t=(0,0,1)$，表示将权向量按位向右移动一位。如果存储位置为 0～$N-1$，可以将卷积位移表示为如下公式：

$$\boldsymbol{w}_t^*(i)\Leftarrow\sum_{j=0}^{N-1}\boldsymbol{w}_t^g(j)\boldsymbol{s}_t(i-j) \tag{6-9}$$

步骤三：锐化。如果位移权重 $\boldsymbol{s}_t$ 不是 one-hot 编码，那么每次卷积之后原先的权向量 $\boldsymbol{w}_t^g$ 会更加分散，次数多了后，$\boldsymbol{w}_t^g$ 就接近均匀分布了。因此，NTM 中引入了一个参数 $\gamma_t\geqslant 1$ 来进行锐化。经过锐化后，基于位置的权向量表达式如下：

$$\boldsymbol{w}_t(i)\Leftarrow\frac{\boldsymbol{w}_t^*(i)^{\gamma_t}}{\sum_j\boldsymbol{w}_t^*(i)^{\gamma_t}} \tag{6-10}$$

6.2 基于 NTM 的复制任务

本部分使用 NTM 执行复制任务。复制任务的目标是观察 NTM 如何存储和回收任意长度的序列。向网络提供一个随机序列以及一个表示序列结束的标记。网络必须学会输出给定的输入序列，因此，它将把输入序列存储在存储器中，然后从存储器中读取。下面讲解执行复制任务[9]。

6.2.1 NTM 模型的初始化

首先，需要将 NTM 看作一个网络单元，通过定义一个 NTMCell 类，其中包

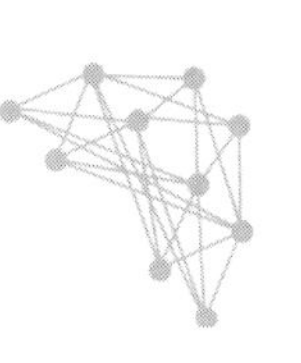

含NTM结构的定义，并提供初始化NTM的构造器，由构造器初始化的实例称为NTM信元，下面将介绍NTMCell类的定义。

```
class NTMCell():
def __init__(self,rnn_size,memory_size,memory_vector_dim,read_head_num,write_
head_num, addressing_mode='content_and_location',shift_range=1,
reuse=False,output_dim=None):
        """Initialize the parameters for an NTM cell.
        Args:
            rnn_size: int, rnn的单元数量
            memory_size: int, 记忆矩阵的大小
            mem_dim: int,记忆矩阵的维度
            read_head_num: 读头数量
            write_head_num: 写头数量
            addressing_mode: 寻址模式"""
        #初始化所有变量
        self.rnn_size = rnn_size
        self.memory_size = memory_size
        self.memory_vector_dim = memory_vector_dim
        self.read_head_num = read_head_num
        self.write_head_num = write_head_num
        self.addressing_mode = addressing_mode
        self.reuse = reuse
        self.step = 0
        self.output_dim = output_dim
        self.shift_range = shift_range
        #将基本 RNN 结构用来作为控制器
        self.controller = tf.nn.rnn_cell.BasicRNNCell(self.rnn_size)
```

定义__call__方法，用于实现NTM的操作，通过将输入x与之前读取的向量列表结合，获得控制器的输入。

```
def __call__(self, x, prev_state):
    prev_read_vector_list = prev_state['read_vector_list']
    prev_controller_state = prev_state['controller_state']
    controller_input = tf.concat([x] + prev_read_vector_list, axis=1)
```

将controller_input和prev_controller_state作为输入，构建NTM里的控制器，也就是RNN单元。

```
with tf.variable_scope('controller', reuse=self.reuse):
controller_output,controller_state=self.controller(controller_input,
                                            prev_controller_state)
```

初始化读头和写头。

```
num_parameters_per_head = self.memory_vector_dim + 1 + 1 +
                          (self.shift_range * 2 + 1) + 1
num_heads = self.read_head_num+self.write_head_num
total_parameter_num=num_parameters_per_head * num_heads+ self.memory_vector_
dim * 2 * self.write_head_num
```

初始化权向量以及偏置，并使用前馈操作计算参数。

```
with tf.variable_scope("o2p", reuse=(self.step > 0) or self.reuse):
    o2p_w=tf.get_variable('o2p_w',[controller_output.get_shape()[1], total_
    parameter_num],initializer=tf.random_normal_initializer(mean=0.0,stddev=0.5))
    o2p_b=tf.get_variable('o2p_b',[total_parameter_num],initializer=
    tf.random_normal_initializer(mean=0.0,stddev=0.5))
    parameters=tf.nn.xw_plus_b(controller_output, o2p_w, o2p_b)
head_parameter_list=tf.split(parameters[:,:num_parameters_per_head * num_
heads],num_heads, axis=1)
erase_add_list=tf.split(parameters[:,num_parameters_per_head * num_heads:],
2 * self.write_head_num, axis=1)
```

得到上一时间时刻的权向量与存储器。

```
prev_w_list = prev_state['w_list']
prev_M = prev_state['M']
w_list = []
p_list = []
```

初始化寻址机制参数。

```
for i, head_parameter in enumerate(head_parameter_list):
#键向量
k = tf.tanh(head_parameter[:, 0:self.memory_vector_dim])
#键强度
beta=tf.sigmoid(head_parameter[:,self.memory_vector_dim]) * 10
#插值门
g = tf.sigmoid(head_parameter[:, self.memory_vector_dim + 1])
#位移矩阵
```

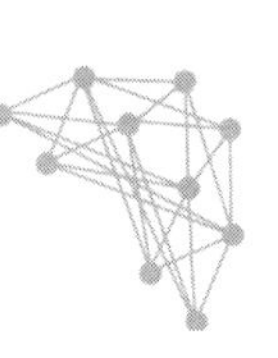

```
s=tf.nn.softmax(head_parameter[:,self.memory_vector_dim+
2:self.memory_vector_dim + 2 + (self.shift_range * 2 + 1)])
#锐化因子
gamma = tf.log(tf.exp(head_parameter[:, -1]) + 1) + 1
with tf.variable_scope('addressing_head_%d' % i):
w = self.addressing(k, beta, g, s, gamma, prev_M, prev_w_list[i])
w_list.append(w)
p_list.append({'k': k, 'beta': beta, 'g': g, 's': s, 'gamma': gamma})
```

6.2.2 定义读写操作

选择读头。

```
read_w_list = w_list[:self.read_head_num]
```

读操作是权重和存储器的线性组合。

```
read_vector_list = []
for i in range(self.read_head_num):
    #权向量与存储地址的线性组合
    read_vector = tf.reduce_sum(tf.expand_dims(read_w_list[i], dim=2) *
prev_M, axis=1)
    read_vector_list.append(read_vector)
```

写操作与读操作不同,写操作包括擦除与添加两步。下列代码表示选择一个写头。

```
write_w_list = w_list[self.read_head_num:]
M = prev_M
```

执行擦除与添加操作,代码如下。

```
for i in range(self.write_head_num):
#擦除向量与权向量相乘,以表示要擦除或保持不变的位置
w = tf.expand_dims(write_w_list[i], axis=2)
erase_vector = tf.expand_dims(tf.sigmoid(erase_add_list[i * 2]), axis=1)
#接下来执行添加操作
add_vector = tf.expand_dims(tf.tanh(erase_add_list[i * 2 + 1]), axis=1)
M = M * (tf.ones(M.get_shape()) - tf.matmul(w, erase_vector)) +
tf.matmul(w, add_vector)
```

获得控制的输出，代码如下。

```
if not self.output_dim:
    output_dim = x.get_shape()[1]
else:
    output_dim = self.output_dim
with tf.variable_scope("o2o", reuse=(self.step > 0) or self.reuse):
    o2o_w = tf.get_variable('o2o_w', [controller_output.get_shape()[1], output_
    dim],initializer=tf.random_normal_initializer(mean=0.0, stddev=0.5))
    o2o_b = tf.get_variable('o2o_b', [output_dim],initializer=tf.random_normal
    _initializer(mean=0.0, stddev=0.5))
    NTM_output = tf.nn.xw_plus_b(controller_output, o2o_w, o2o_b)
state = {
    'controller_state': controller_state,
    'read_vector_list': read_vector_list,
    'w_list': w_list,
    'p_list': p_list,
    'M': M
      }
self.step += 1
return NTM_output, state
```

6.2.3 定义寻址机制

使用两种寻址机制：基于内容与基于位置的寻址。

(1) 基于内容的寻址。

计算键向量与存储矩阵之间的余弦相似度，代码如下。

```
def addressing(self, k, beta, g, s, gamma, prev_M, prev_w):
    k= tf.expand_dims(k, axis=2)
    inner_product = tf.matmul(prev_M, k)
    k_norm = tf.sqrt(tf.reduce_sum(tf.square(k), axis=1, keepdims=True))
    M_norm = tf.sqrt(tf.reduce_sum(tf.square(prev_M), axis=2, keepdims=True))
    norm_product = M_norm * k_norm
    K = tf.squeeze(inner_product / (norm_product + 1e-8))
```

现在，根据相似度和键向量生成归一化权向量。键向量用于调整权向量的焦点精度，代码如下。

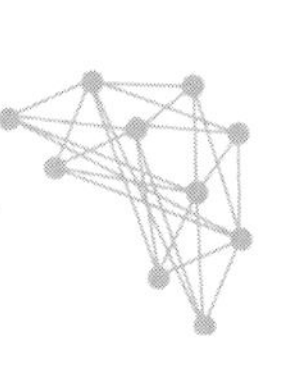

```
K_amplified = tf.exp(tf.expand_dims(beta, axis=1) * K)
w_c = K_amplified / tf.reduce_sum(K_amplified, axis=1, keepdims=True)
if self.addressing_mode == 'content':
    return w_c
```

（2）基于位置的寻址。

基于位置的寻址包括 3 个步骤，它们分别是插值、卷积位移和锐化。

① 插值。这用于决定应该使用前一个时间步骤获得的权重 prev_w，还是使用基于内容的寻址获得的权重 w_c。该如何决定呢？我们使用一个新的变量参数 g，来决定应该使用哪些权重。

```
g = tf.expand_dims(g, axis=1)
w_g = g * w_c + (1 - g) * prev_w
```

② 卷积位移。插值后进行卷积位移，使控制器能够集中于其他行。

```
s=tf.concat([s[:, :self.shift_range + 1],
             tf.zeros([s.get_shape()[0],
             self.memory_size - (self.shift_range * 2 + 1)]),
             s[:, -self.shift_range:]], axis=1)
    t = tf.concat([tf.reverse(s, axis=[1]), tf.reverse(s, axis=[1])], axis=1)
    s_matrix = tf.stack([t[:, self.memory_size - i - 1:self.memory_size * 2 - i - 1]
                         for i in range(self.memory_size)],axis=1 )
    w_ = tf.reduce_sum(tf.expand_dims(w_g, axis=1) * s_matrix, axis=2) #eq (8)
```

③ 锐化。卷积位移后进行锐化操作，以避免位移后的权向量变模糊。

```
w_sharpen = tf.pow(w_, tf.expand_dims(gamma, axis=1))
w = w_sharpen / tf.reduce_sum(w_sharpen, axis=1, keepdims=True)
return w
```

然后定义一个名为 zero_state 的函数，用于初始化控制器、读向量、权重和存储器的所有状态。

```
def zero_state(self, batch_size, dtype):
    def expand(x, dim, N):
        return tf.concat([tf.expand_dims(x, dim) for _ in range(N)], axis=dim)
    with tf.variable_scope('init', reuse=self.reuse):
        state = {
```

```
                'controller_state':expand(tf.tanh(tf.get_variable('init_state',
                self.rnn_size, initializer=tf.random_normal_initializer(
                mean=0.0, stddev=0.5))),dim=0, N=batch_size),
                  'read_vector_list':[expand(tf.nn.softmax(tf.get_variable('init_
                  r_%d' % i, [self.memory_vector_dim],
                  initializer=tf.random_normal_initializer(mean=0.0, stddev=
                  0.5))),dim=0, N=batch_size),
                  for i in range(self.read_head_num)],
                'w_list':[expand(tf.nn.softmax(tf.get_variable('init_w_%d'%i,
                [self.memory_size],
                initializer=tf.random_normal_initializer(mean=0.0, stddev=0.5))),
                dim=0, N=batch_size)
                if self.addressing_mode == 'content_and_location'
                else tf.zeros([batch_size, self.memory_size])
                for i in range(self.read_head_num + self.write_head_num)],
                'M':expand(tf.tanh(tf.get_variable('init_M',[self.memory_size,
                self.memory_vector_dim],initializer=tf.random_normal_initializer
                (mean=0.0, stddev=0.5))),
                dim=0, N=batch_size)
    }
    return state
```

接下来定义一个名为 generate_random_strings 的函数，生成一个长度为 seq_length 的随机序列，将这些序列作为 NTM 的输入，用于复制任务。

```
def generate_random_strings(batch_size, seq_length, vector_dim):
return np.random.randint(0,2,size=[batch_size,seq_length,vector_dim])
.astype(np.flo at32)
```

6.2.4 定义复制任务

现在，创建 NTMCopyModel 类来执行整个复制任务。

```
class NTMCopyModel():
def __init__(self, args, seq_length, reuse=False):
#输入序列
self.x = tf.placeholder(name='x', dtype=tf.float32,
shape=[args.batch_size, seq_length, args.vector_dim])
#输出序列
```

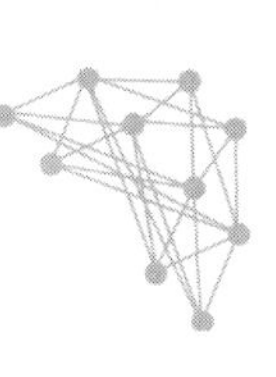

```
        self.y = self.x
        #序列末尾
        eof = np.zeros([args.batch_size, args.vector_dim + 1])
        eof[:, args.vector_dim] = np.ones([args.batch_size])
        eof = tf.constant(eof, dtype=tf.float32)
        zero = tf.constant(np.zeros([args.batch_size,args.vector_dim + 1]),
        dtype=tf.float32)
        if args.model == 'LSTM':
            def rnn_cell(rnn_size):
                  return tf.nn.rnn_cell.BasicLSTMCell(rnn_size, reuse=reuse)
            cell = tf.nn.rnn_cell.MultiRNNCell([rnn_cell(args.rnn_size)
for _ in range(args.rnn_num_layers)])
        elif args.model == 'NTM':
                cell = NTMCell(args.rnn_size, args.memory_size, args.memory_
                                vector_dim, 1, 1,
                                addressing_mode='content_and_location',
                                reuse=reuse,
                                output_dim=args.vector_dim)
         #初始化所有状态
         state = cell.zero_state(args.batch_size, tf.float32)
         self.state_list = [state]
         for t in range(seq_length):
             output, state = cell(tf.concat([self.x[:, t, :],
             np.zeros([args.batch_size, 1])], axis=1), state)
             self.state_list.append(state)
        #获取输出与状态
        output, state = cell(eof, state)
        self.state_list.append(state)
        self.o = []
        for t in range(seq_length):
            output, state = cell(zero, state)
            self.o.append(output[:, 0:args.vector_dim])
            self.state_list.append(state)
        self.o = tf.sigmoid(tf.transpose(self.o, perm=[1, 0, 2]))
        eps = 1e-8
        #将损失计算为交叉熵损失
        self.copy_loss = -tf.reduce_mean(self.y * tf.log(self.o + eps) + (1 -
        self.y) * tf.log(1 - self.o + eps))
        #使用 RMS prop 优化器进行优化
        with tf.variable_scope('optimizer', reuse=reuse):
```

```
                self.optimizer= tf.train.RMSProp Optimizer(learning_rate=args.
                learning_rate, momentum=0.9, decay=0.95)
                gvs = self.optimizer.compute_gradients(self.copy_loss)
                capped_gvs = [(tf.clip_by_value(grad, -10., 10.), var) for grad,
                var in gvs]
                self.train_op = self.optimizer.apply_gradients(capped_gvs)
                self.copy_loss_summary=tf.summary.scalar('copy_loss_%d'%seq_
                length, self.copy_loss)
```

使用以下命令重置 TensorFlow 图。

```
tf.compat.v1.reset_default_graph()
```

之后，定义所有参数，代码如下。

```
parser = argparse.ArgumentParser()
parser.add_argument('--mode', default="train")
parser.add_argument('--restore_training', default=False)
parser.add_argument('--test_seq_length', type=int, default=5)
parser.add_argument('--model', default="NTM")
parser.add_argument('--rnn_size', default=16)
parser.add_argument('--rnn_num_layers', default=3)
parser.add_argument('--max_seq_length', default=5)
parser.add_argument('--memory_size', default=16)
parser.add_argument('--memory_vector_dim', default=5)
parser.add_argument('--batch_size', default=5)
parser.add_argument('--vector_dim', default=8)
parser.add_argument('--shift_range', default=1)
parser.add_argument('--num_epoches', default=1000)
parser.add_argument('--learning_rate', default=1e-4)
parser.add_argument('--save_dir', default= os.getcwd())
parser.add_argument('--tensorboard_dir', default=os.getcwd())
args = parser.parse_args(args = [])
```

6.2.5 定义训练函数

最后定义 train 函数。

```
def train(args):
     model_list = [NTMCopyModel(args, 1)]
```

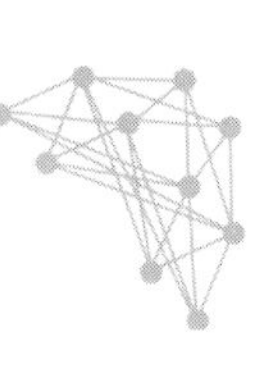


```
for seq_length in range(2, args.max_seq_length + 1):
     model_list.append(NTMCopyModel(args, seq_length, reuse=True))
with tf.Session() as sess:
    if args.restore_training:
        saver = tf.train.Saver()
        ckpt = tf.train.get_checkpoint_state(args.save_dir + '/' + args.model)
        saver.restore(sess, ckpt.model_checkpoint_path)
    else:
        saver = tf.train.Saver(tf.global_variables())
        tf.global_variables_initializer().run()
    #初始化摘要编写器,以便在 tensorboard 中可视化
    train_writer = tf.summary.FileWriter(args.tensorboard_dir, sess.graph)
    plt.ion()
    plt.show()
    for b in range(args.num_epoches):
          #初始化序列长度
          seq_length = np.random.randint(1, args.max_seq_length + 1)
          model = model_list[seq_length - 1]
          #生成随机输入序列作为输入
          x = generate_random_strings(args.batch_size, seq_length, args.
          vector_dim)
          #将随机输入序列输入模型
          feed_dict = {model.x: x}
           if b % 100 == 0:
                p = 0
                print("First training batch sample",x[p, :, :])
                #计算模型输出
                out_final=sess.run(model.o, feed_dict=feed_dict)[p, :, :]
                print("Model output",out_final)
                state_list = sess.run(model.state_list, feed_dict=feed_dict)
                map = plt.figure()
                map.add_subplot(2,1,1)
                df = pd.DataFrame(
                      np.transpose(x[p,:,:]),
                      index = ['1','2','3','4','5','6','7','8'],
                      columns = [ str(i) for i in range(0,seq_length)]
                 )
```

```
            ax = sns.heatmap(df, cmap="Greys")
            plt.title("INPUT")
            map.add_subplot(2,1,2)
            df2 = pd.DataFrame(
                np.transpose(out_final),
              index = ['1','2','3','4','5','6','7','8'],
              columns = [str(i) for i in range(0,seq_length)]
            )
            sns.heatmap(df2, cmap="Greys")
            plt.title("OUTPUT")
            map.subplots_adjust(hspace=0.3)
            if args.model == 'NTM':
                w_plot = []
                M_plot = np.concatenate([state['M'][p, :, :]
                for state in state_list])
                for state in state_list:
                    w_plot.append(np.concatenate([state['w_list']
                    [0][p,:], state['w_list'][1][p, :]]))
                #绘制权重矩阵,以观察注意力
                plt.imshow(w_plot, interpolation='nearest', cmap='gray')
                plt.draw()
                plt.pause(0.001)
            #计算损失
            copy_loss = sess.run(model.copy_loss, feed_dict=feed_
            dict)
            #编写摘要
            merged_summary=sess.run(model.copy_loss_summary, feed_
            dict=feed_dict)
            train_writer.add_summary(merged_summary, b)
            print('batches %d, loss %g' % (b, copy_loss))
        else:
            sess.run(model.train_op, feed_dict=feed_dict)
        #保存模型
        if b % 5000 == 0 and b > 0:
            saver.save(sess, args.save_dir + '/' + args.model + '/
            model.tfmodel', global_step=b)
```

使用如下命令开始训练 NTM 后,图 6-7 分别给出了输入、输出热力图,可以观察 NTM 模型的复制效果。其横坐标为复制向量的个数,纵坐标是复制向量的维度,可以看出复制的效果比较准确。通过进一步观察得到权重矩阵(图 6-8),其

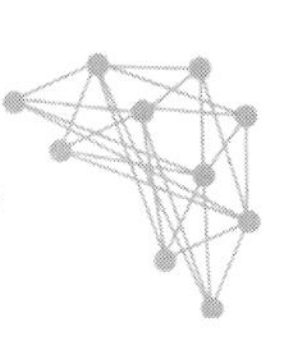

左半边为读向量权重，右边为写向量权重，可以得到相同的结论，它们的注意力基本一致。

```
train(args)
```

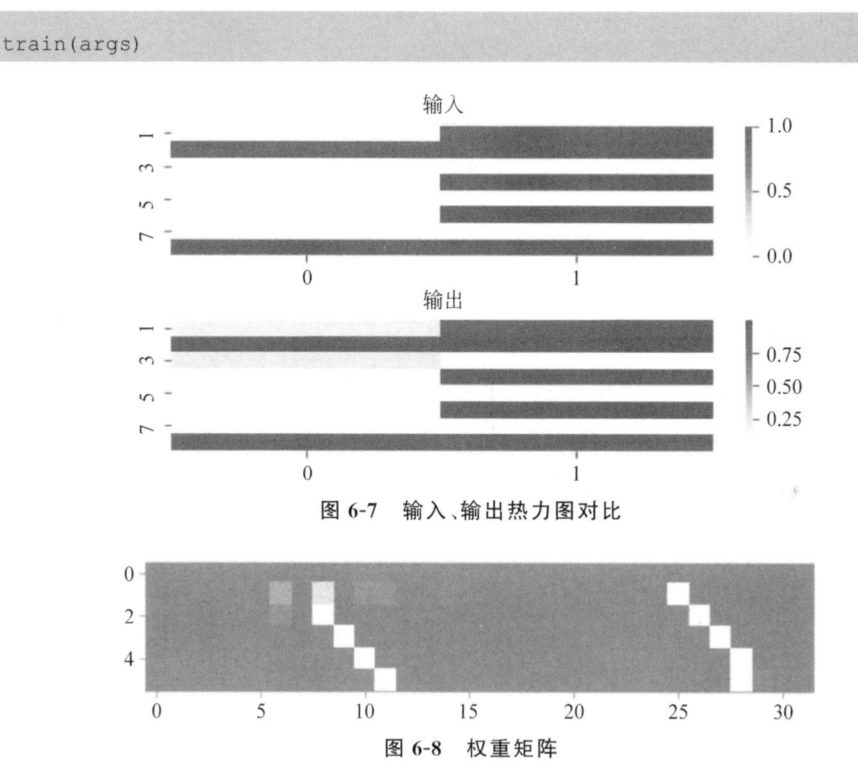

图 6-7　输入、输出热力图对比

图 6-8　权重矩阵

6.2.6　实现重复复制

重复复制任务是复制任务的一个扩展，它要求网络能够将待复制序列重复输出一个特定次数，并以一个终结符结束复制过程，用以判断 NTM 能否学会简单的嵌套函数。在理想情况下，我们希望它能对它学习过的任何子程序执行一个“for 循环”。

NTM 接收一个由任意二进制向量构成的随机长度的序列，之后通过一个独立的输入通道输入一个标量值，代表希望复制的次数。为了在恰当的时间输出结束标记，网络不但要能够理解外部输入，还要对执行了几次进行计数。网络的输入是一个随机的比特序列、一个分隔符和一个表示要输出的重复次数的标量值[1,7]。序列长度和重复次数均在 1～10 之间随机选取。

在复制任务中已经使用过 NTM 的结构，这里不再重复，下面来看一下重复复制任务的训练模型定义，代码如下。

```
@attrs
class RepeatCopyTaskModelTraining(object):
    params = attrib(default=Factory(RepeatCopyTaskParams))
    net = attrib()
    dataloader = attrib()
    criterion = attrib()
    optimizer = attrib()
    @net.default
    def default_net(self):
        #使用前面定义的 NTM 网络单元
        net=EncapsulatedNTM(self.params.sequence_width+2,
                            self.params.sequence_width + 1,
                            self. params. controller _ size,  self. params.
                            controller_layers,
                            self.params.num_heads,
                            self.params.memory_n, self.params.memory_m)
        return net
    #定义数据读取函数
    @dataloader.default
    def default_dataloader(self):
        return dataloader(self.params.num_batches, self.params.batch_size,
                          self.params.sequence_width,
                          self.params.sequence_min_len, self.params.sequence_
                          max_len,
                          self.params.repeat_min, self.params.repeat_max)
    #定义损失函数
    @criterion.default
    def default_criterion(self):
        return nn.BCELoss()
    #定义优化器
    @optimizer.default
    def default_optimizer(self):
        return optim.RMSprop(self.net.parameters(),
                             momentum=self.params.rmsprop_momentum,
                             alpha=self.params.rmsprop_alpha,
                             lr=self.params.rmsprop_lr)
```

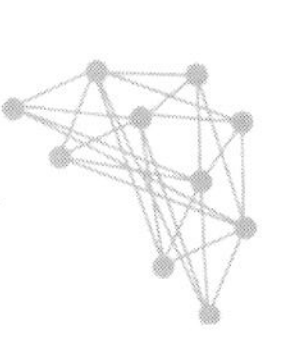

完成训练函数的定义后，解决模型的训练数据读取问题，代码如下。

```
#生成随机序列
def dataloader(num_batches, batch_size, seq_width, seq_min_len,
               seq_max_len, repeat_min, repeat_max):
    """生成随机长度的比特向量序列
    每一个比特向量的长度是相同的
    长度在'min_len' 和'max_len'之间
    :param num_batches: batch 的总
    :param batch_size: batch 的大小
    :param seq_width: 序列中每个对象的长度
    :param seq_min_len: 最小长度
    :param seq_max_len: 最大长度
    :param repeat_min: 最小重复次数
    :param repeat_max: 最大重复次数
    NOTE: 输入宽度为“seq_width+2”。一个附加输入用于分隔符，一个用于重复次数。
    输出宽度为“seq_width”+1，使用附加值作为网络输入，进而生成网络结束标记和正确的计数
    """
    #标准化流程
    reps_mean = (repeat_max + repeat_min) / 2
    reps_var = (((repeat_max - repeat_min + 1) * * 2) - 1) / 12
    reps_std = np.sqrt(reps_var)
    def rpt_normalize(reps):
        return (reps - reps_mean) / reps_std
    for batch_num in range(num_batches):
        #所有 batch 拥有相同长度的序列和重复次数
        seq_len = random.randint(seq_min_len, seq_max_len)
        reps = random.randint(repeat_min, repeat_max)
        #生成序列
        seq = np.random.binomial(1, 0.5, (seq_len, batch_size, seq_width))
        seq = torch.from_numpy(seq)
        #输入包含两个额外的通道，包含结束符号和重复次数
        inp = torch.zeros(seq_len + 2, batch_size, seq_width + 2)
        inp[:seq_len, :, :seq_width] = seq
        inp[seq_len, :, seq_width] = 1.0
        inp[seq_len+1, :, seq_width+1] = rpt_normalize(reps)
        #输出包含重复的序列和结束符号
        outp = torch.zeros(seq_len * reps + 1, batch_size, seq_width + 1)
        outp[:seq_len * reps, :, :seq_width] = seq.clone().repeat(reps, 1, 1)
        outp[seq_len * reps, :, seq_width] = 1.0 #结束符号
        yield batch_num+1, inp.float(), outp.float()
```

以下代码将会定义重复复制任务中的参数,并为其设置一个默认值。

```
@attrs
class RepeatCopyTaskParams(object):
    name = attrib(default="repeat-copy-task")
    controller_size = attrib(default=100, convert=int)
    controller_layers = attrib(default=1, convert=int)
    num_heads = attrib(default=1, convert=int)
    sequence_width = attrib(default=8, convert=int)
    sequence_min_len = attrib(default=1, convert=int)
    sequence_max_len = attrib(default=10, convert=int)
    repeat_min = attrib(default=1, convert=int)
    repeat_max = attrib(default=10, convert=int)
    memory_n = attrib(default=128, convert=int)
    memory_m = attrib(default=20, convert=int)
    num_batches = attrib(default=250000, convert=int)
    batch_size = attrib(default=1, convert=int)
    rmsprop_lr = attrib(default=1e-4, convert=float)
    rmsprop_momentum = attrib(default=0.9, convert=float)
    rmsprop_alpha = attrib(default=0.95, convert=float)
```

完成上述任务后,需要实现生成随机长度的序列,并且还有两个额外的信息,分别是结束符号和重复次数,用来作为输入模型训练。

首先利用时间和随机种子来生成随机比特向量序列,代码如下。

```
def get_ms():
    """毫秒内返回当前时间"""
    return time.time() * 1000
def init_seed(seed=None):
    """生成随机种子"""
    if seed is None:
        seed = int(get_ms() // 1000)
    LOGGER.info("Using seed=%d", seed)
    np.random.seed(seed)
    torch.manual_seed(seed)
    random.seed(seed)
```

定义梯度裁剪的函数,代码如下。

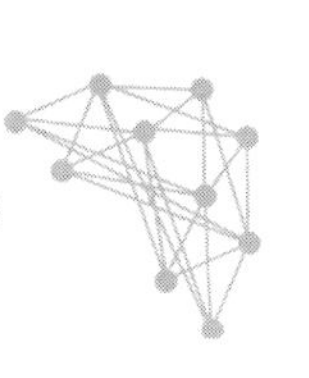

```
def clip_grads(net):
    """梯度裁剪."""
    parameters = list(filter(lambda p: p.grad is not None, net.parameters()))
    for p in parameters:
        p.grad.data.clamp_(-10, 10)
```

train_batch 中定义每个 batch 中的任务,包含将随机比特向量序列、分隔符和重复次数作为输入得到 y_out,与标签输出一起代入损失函数,进行梯度下降,代码如下。

```
def train_batch(net, criterion, optimizer, X, Y):
    """单个 batch 中的操作"""
    optimizer.zero_grad()
    inp_seq_len = X.size(0)
    outp_seq_len, batch_size, _ = Y.size()
    #新序列
    net.init_sequence(batch_size)
    #将序列加上分隔符
    for i in range(inp_seq_len):
        net(X[i])
    #获取输出
    y_out = torch.zeros(Y.size())
    for i in range(outp_seq_len):
        y_out[i], _ = net()
    loss = criterion(y_out, Y)
    loss.backward()
    clip_grads(net)
    optimizer.step()
    y_out_binarized = y_out.clone().data
    y_out_binarized.apply_(lambda x: 0 if x < 0.5 else 1)
#cost 表示每个序列中的比特值错误的个数
    cost = torch.sum(torch.abs(y_out_binarized - Y.data))
    return loss.item(), cost.item() / batch_size
```

最后定义重复复制任务的任务函数,代码如下。

```
def train_model(model, args):
    num_batches = model.params.num_batches
    batch_size = model.params.batch_size
```

```
    LOGGER.info("Training model for %d batches (batch_size=%d)...",
                num_batches, batch_size)
    losses = []
    costs = []
    seq_lengths = []
    start_ms = get_ms()
    for batch_num, x, y in model.dataloader:
        loss, cost = train_batch(model.net, model.criterion, model.optimizer, x, y)
        losses += [loss]
        costs += [cost]
        seq_lengths += [y.size(0)]
        #更新 progress__bar
        progress_bar(batch_num, args.report_interval, loss)
        #记录
        if batch_num % args.report_interval == 0:
            mean_loss = np.array(losses[-args.report_interval:]).mean()
            mean_cost = np.array(costs[-args.report_interval:]).mean()
            mean_time = int(((get_ms() - start_ms) / args.report_interval) /
            batch_size)
            progress_clean()
            LOGGER.info("Batch %d Loss: %.6f Cost: %.2f Time: %d ms/sequence",
                        batch_num, mean_loss, mean_cost, mean_time)
            start_ms = get_ms()
        #保存
        if (args.checkpoint_interval ! = 0) and (batch_num % args.checkpoint_
        interval == 0):
            save_checkpoint(model.net, model.params.name, args,
                            batch_num, losses, costs, seq_lengths)
    LOGGER.info("Done training.")
```

在不需要自定义参数的情况下,就可以直接使用 train_model()函数训练了。

```
train_model(model, args)
```

经过少量的训练,将训练结果可视化后,可以得到下面的结果。图 6-9 是传递给 NTM 的输入随机序列,其中待复制的序列长度是 8,剩下两个维度分别代表分隔符和重复数。最终得到图 6-10 的重复复制结果对比图。

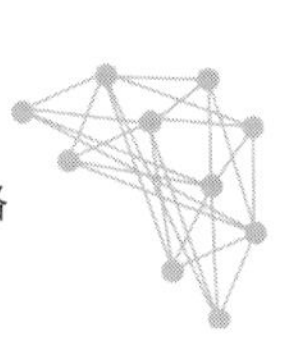

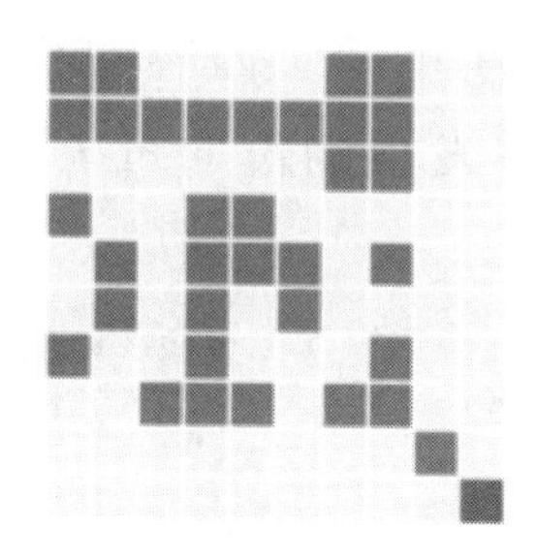

图 6-9　生成的随机比特向量序列

图 6-10　重复复制结果对比

6.3　记忆增强神经网络(MANN)

本节将介绍本章的重点——记忆增强神经网络(MANN)。它广泛用于单样本的学习任务,其作用是让上面介绍的神经图灵机(NTM)在单样本学习任务中表现得更好。其基于 NTM,也是一种基于内容的寻址方式,但寻址机制不同。

MANN 使用了新的寻址机制,称为最近最少使用访问(least recently used access)。顾名思义,它将访问最近最少使用的存储器位置。可是刚刚才提到 MANN 使用的是基于内容的寻址机制,为什么还与位置有关呢?这是因为最近最少使用的位置是由读操作决定的,而读操作是由基于内容的寻址执行的,因此最近最少使用位置也是使用基于内存的寻址来完成[5]。

下面将讲解 MANN 中的读操作与写操作,以及它们与 NTM 的具体区别。

6.3.1　MANN 的读操作

在 MANN 中,使用两个不同的权向量来执行读写操作。MANN 的读操作与 NTM 相同。在 MANN 中,使用基于内容的相似性执行读操作,跟 NTM 一样仍采用余弦相似度,将控制器发出的键向量 $\boldsymbol{k}$ 与存储矩阵 $\boldsymbol{M}_t$ 中的每一行进行比较来计算相似性。

$$\cos(\boldsymbol{k}_t, \boldsymbol{M}_t) = \frac{\boldsymbol{k}_t \cdot \boldsymbol{M}_t}{|\boldsymbol{k}_t| \cdot |\boldsymbol{M}_t|} \tag{6-11}$$

权向量公式如下:

$$\boldsymbol{w}_t^r = \cos[k_t, \boldsymbol{M}_t(i)] \tag{6-12}$$

但这里不再使用键强度 β。$\boldsymbol{w}_t^r$ 中的 $\boldsymbol{r}$ 代表它是读操作中的权向量,所以可以通过 softmax 操作得到最终的权向量。

$$\boldsymbol{w}_t^r = \frac{\exp(\cos[k_t, \boldsymbol{M}_t(i)])}{\sum_j \exp(\cos[k_t, \boldsymbol{M}_t(j)])} \tag{6-13}$$

读向量(read weight vector)是权向量 $\boldsymbol{w}_t^r$ 与存储矩阵 $\boldsymbol{M}_t$ 的线性组合,公式如下:

$$\boldsymbol{r}_t \Leftarrow \sum_i^R \boldsymbol{w}_t^r(i) \boldsymbol{M}_t(i) \tag{6-14}$$

所以需要对 NTM 中读头的代码作如下修改。

```
def read_head_addressing(self, k, prev_M):
        #基于相似性计算读向量
        k = tf.expand_dims(k, axis=2)
        inner_product = tf.matmul(prev_M, k)
        k_norm = tf.sqrt(tf.reduce_sum(tf.square(k), axis=1, keep_dims=True))
        M_norm = tf.sqrt(tf.reduce_sum(tf.square(prev_M), axis=2, keep_dims=
        True))
        norm_product = M_norm * k_norm
        K = tf.squeeze(inner_product / (norm_product + 1e-8))
        K_exp = tf.exp(K)
        w = K_exp / tf.reduce_sum(K_exp, axis=1, keep_dims=True)
        return w
```

进一步得到读向量,代码如下。

```
w_r = self.read_head_addressing(k, prev_M)
```

执行读操作，即权向量 $\boldsymbol{w}_t^r$ 与存储矩阵 $\boldsymbol{M}_t$ 的线性组合，代码如下。

```
read_vector_list = []
        with tf.variable_scope('reading'):
              for i in range(self.head_num):
                  read_vector=tf.reduce_sum(tf.expand_dims(w_r_list[i], dim=2) *
                  M, axis=1)
                  read_vector_list.append(read_vector)
```

6.3.2　MANN 的写操作

执行写操作之前，需要解决找到最近最少使用存储位置的问题，为此需要一个新的向量——用途向量 $\boldsymbol{w}_t^u$，它是读权向量和写权向量的和，即：

$$\boldsymbol{w}_t^u \Leftarrow \boldsymbol{w}_t^r + \boldsymbol{w}_t^w \tag{6-15}$$

还需要考虑上一时刻的用途向量，所以使用一个衰减参数 λ，该参数用于确定上一时刻用途向量对于当前时刻用途向量的影响，因此，最终的用途向量是上一阶段用途向量的衰减、读权向量、写权向量的和，公式如下：

$$\boldsymbol{w}_t^u \Leftarrow \gamma \boldsymbol{w}_{t-1}^u + \boldsymbol{w}_t^r + \boldsymbol{w}_t^w \tag{6-16}$$

现在已经计算得到了用途向量，如何计算最近最少使用的位置呢？为此引入另外一个权向量——最少用途向量(least used weight vector)$\boldsymbol{w}_t^{lu}$。

最少用途向量 $\boldsymbol{w}_t^{lu}$ 是由用途向量变化而来的，只需要将用途向量中最小值索引位置赋值为 1，其他位置赋值为 0，因为用途向量中的最小值就是最近最少使用的位置，如图 6-11 所示。

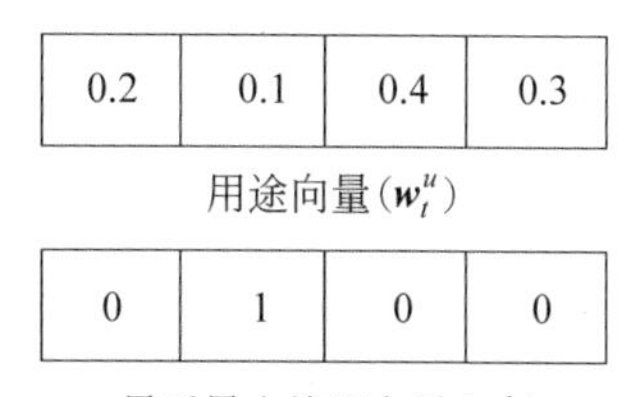

图 6-11　由用途向量得到最少用途向量

使用 sigmoid 门计算写权向量，sigmoid 门用于计算前一个读权向量 $\boldsymbol{w}_{t-1}^r$ 和前一个最少用途向量 $\boldsymbol{w}_{t-1}^{lu}$ 的凸组合，公式如下。

$$\boldsymbol{w}_t^w \Leftarrow \sigma(\alpha)\boldsymbol{w}_{t-1}^r + [1-\sigma(\alpha)]\boldsymbol{w}_{t-1}^{lu} \tag{6-17}$$

得到写权向量 $\boldsymbol{w}_t^w$ 后，最后更新存储矩阵，公式如下：

$$\boldsymbol{M}_t(i) \Leftarrow \boldsymbol{M}_{t-1}(i) + \boldsymbol{w}_t^w(i)k_t \tag{6-18}$$

接下来修改写头部分。

首先计算用途向量，代码如下。

```
w_u = self.gamma * prev_w_u + tf.add_n(w_r_list) + tf.add_n(w_w_list)
```

然后计算最少用途向量，代码如下。

```
def least_used(w_u):
        _, indices = tf.nn.top_k(w_u, k=self.memory_size)
        w_lu=tf.reduce_sum(tf.one_hot(indices[:,-self.head_num:],
                            depth=self.memory_size), axis=1)
        return indices, w_lu
```

存储上一步的索引和最少用途向量，代码如下。

```
prev_indices, prev_w_lu = self.least_used(prev_w_u)
```

计算写权向量，代码如下。

```
def write_head_addressing(sig_alpha, prev_w_r_list, prev_w_lu):
        return sig_alpha * prev_w_r + (1. - sig_alpha) * prev_w_lu
```

最后更新存储矩阵，代码如下。

```
M_ = prev_M * tf.expand_dims(1. - tf.one_hot(prev_indices[:, -1], self.memory_
size), dim=2)
#执行写操作:
M = M_
with tf.variable_scope('writing'):
      for i in range(self.head_num):
            w = tf.expand_dims(w_w_list[i], axis=2)
            k = tf.expand_dims(k_list[i], axis=1)
            M = M + tf.matmul(w, k)
```

6.3.3 MANN 的应用

One-shot 问题是典型的少样本问题中的一种，每种类别只有一个训练样本。

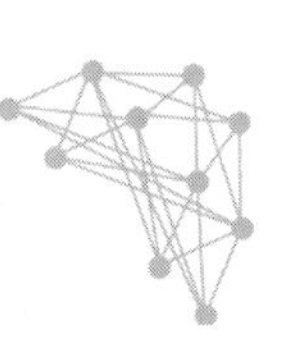

而传统的网络模型通常需要大量的数据来训练，当遇到新类型的数据时，模型只能低效地修改参数来学习新的类型。而 MANN 应对新数据时有两个优点：一是和通常网络模型一样，通过梯度下降慢慢学习抽象方法，以获得原始数据有用的表征，也就是在数据的训练中学习到长期记忆；二是面对 One-shot 问题时，还能通过外部记忆模块仅通过一次样本的训练后获取从未见过的信息，获得短期记忆。这种特性让 MANN 能够在具有显著短期和长期记忆的任务中进行元学习，仅在几次训练后就能成功地对未见过的类型进行高精确度的分类，并基于少量样本进行原则性的函数估计，这种快速吸收新数据的能力扩展了该深度学习模型可适用的范围。

如果同时使用 LSTM 模型和 MANN 模型在 Omniglot 数据集（全语言文字数据集，包含 1623 类字符，每类字符由 20 个不同的人书写）上进行 One-shot 小样本学习，可以得到图 6-12的实时损失函数曲线。可以看出，当训练轮次增加到一定次数后，相较于 LSTM 模型，MANN 模型仍然能够有效地学习。进一步观察在同样的训练轮次后两种模型的预测准确率，如图 6-13 所示，MANN 模型的正确率更高，该部分详细的代码可以在本书配套的代码集中找到[5-6]。

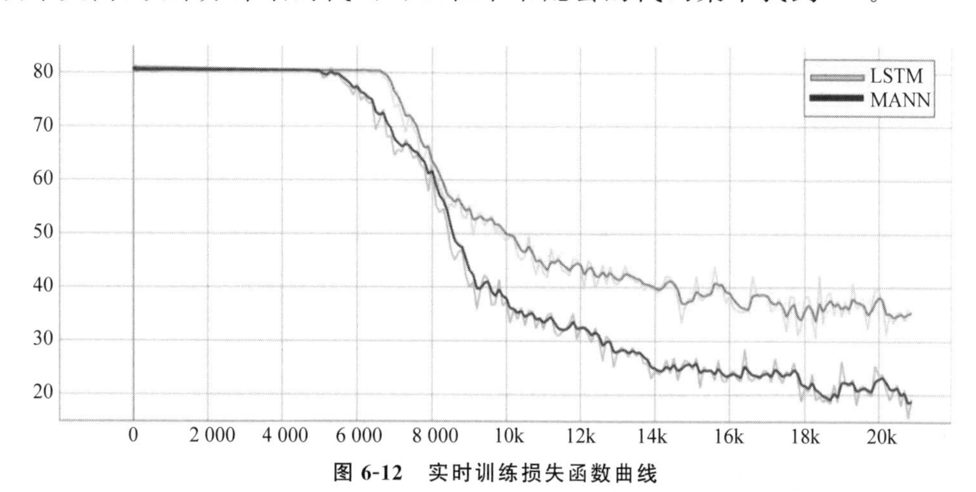

图 6-12　实时训练损失函数曲线

除了上述在元学习方面的应用，MANN 还具有以下应用场景。

（1）模拟工作记忆。使用 MANN 模拟人脑的工作记忆机制，如阅读理解问答中的反向链式推理（backward chaining）。

Class	1st	2nd	3rd	4th	5th	6th	7th	8th	9th	10th
MANN_acc	0.25	0.77	0.86	0.89	0.91	0.91	0.92	0.92	0.92	0.93
LSTM_acc	0.22	0.65	0.73	0.76	0.77	0.78	0.79	0.8	0.8	0.81

图 6-13　两种模型的测试准确率

(2) 复杂的结构信息捕捉。一些 MANN 模型可以建模复杂的递归结构,如使用栈增强神经网络,从而可以递归地处理短语结构文法。

(3) 长距离信息依赖建模。由于记忆增强神经网络的相对记忆能力更强,更容易建模长距离依赖关系[7-10]。

6.4 小　结

本章先讲解 NTM 神经图灵机,使用读头和写头对外部存储器进行信息读写的方法,以及其中基于内容和基于位置的寻址机制。又讲解了 NTM 的运行原理,用 NTM 执行了复制任务和重复复制任务,以进一步熟悉其结构。最后讲解了 NTM 的改进结构 MANN 记忆增强神经网络,以及它与 NTM 在寻址机制上的不同,并介绍了记忆增强神经网络的应用场景。

6.5 思 考 题

1. 什么是 NTM?
2. NTM 中的控制器是什么?
3. 在 NTM 中,有哪些不同的寻址方式?
4. NTM 中为什么使用读头和写头?
5. 阐述 MANN 的概念。

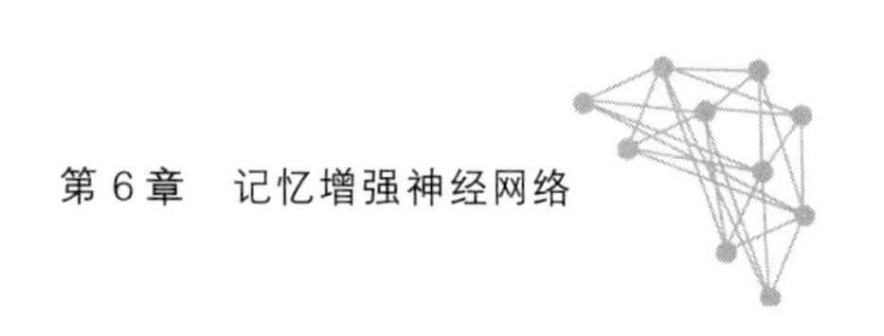

参考文献

[1] Graves A, Wayne G, Danihelka I. Neural turing machines[EB/OL].[2023-04-20]. https://arXiv.org/abs/1410.5401.

[2] Das S, Giles C L, Sun G Z. Learning context-free grammars: Capabilities and limitations of a recurrent neural network with an external stack memory[C]//Proceedings of The Fourteenth Annual Conference of Cognitive Science Society. Indiana University, 1992: 440-449.

[3] Siegelmann H T, Sontag E D. On the computational power of neural nets[C]//Proceedings of the fifth annual workshop on Computational learning theory, 1992: 440-449.

[4] Miller G A. The magical number seven, plus or minus two: Some limits on our capacity for processing information[J]. Psychological review, 1956, 63(2): 81.

[5] Santoro A, Bartunov S, Botvinick M M. One-shot Learning with Memory-Augmented Neural Networks [EB/OL].(2016-05-09)[2023-04-20]. https://arXiv.org/abs/1605.06065.

[6] Hochreiter S, Schmidhuber J. Long short-term memory[J]. Neural computation, 1997, 9(8): 1735-1780.

[7] 李凡长,刘洋,吴鹏翔,等.元学习研究综述[J].计算机学报,2021,44(2):422-446.

[8] 朱应钊,李嫚.元学习研究综述[J].电信科学,2021,37(1):22-31.

[9] 赵凯琳,靳小龙,王元卓.小样本学习研究综述[J].软件学报,2021,32(2):349-369.

[10] 卢依宏,蔡坚勇,郑华,等.基于深度学习的少样本研究综述[J].电讯技术,2021,61(1):125-130.

第7章 模型无关元学习及其变种

本章介绍一种富有趣味且应用广泛的元学习算法——模型无关元学习(model agnostic meta learning,MAML)。讲解什么是MAML,它在监督学习和强化学习领域的相关应用;分析如何从头开始构建属于自己的MAML模型,并讲解对抗元学习(adversarial meta learning,ADML);阐释如何使用ADML来找到一个稳健的模型参数,以及在分类任务中如何使用ADML,以达到目标效果;讲解基于上下文适应的元学习(context adaptation for meta learning, CAML)。

本章内容：

- MAML思路简介。
- MAML算法详解。
- MAML在监督学习和强化学习场景中的应用。
- 从头构建MAM。
- ADML简介。
- 从头构建ADML。
- CAML介绍。

7.1 MAML

MAML是近年来提出的元学习算法之一,其在元学习研究方面是一个重大突破。由于其在扩展性方面有较大潜力,被众多学者选中并进行改进与发展,因

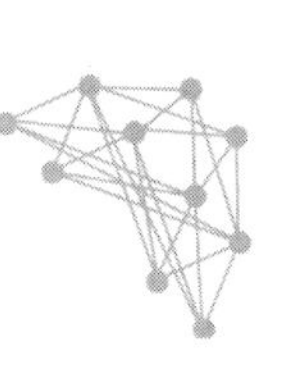

此被广泛应用在诸多领域。元学习的重点不是学习的结果，而是学习的过程。其学习的不是一个直接用于预测的数学模型，而是学习“如何更快更好地学习一个数学模型”。在元学习中，只从少量数据点中学习各种相关任务，与此同时元学习器可以生成快速的学习器，即使在新训练样本较少的相关任务中也能根据之前训练得到的先验知识得到较好的泛化效果。

具体到 MAML，基本思想是寻找一个更好的初始参数。这样，在初始参数良好的情况下，模型可以以较少的梯度步骤(gradient step)快速学习新任务。下面以一个具体任务为例来讲解 MAML 的算法流程。假设需要使用一个神经网络基模型对图像数据集进行分类，那么应该如何训练网络呢？较为经典及迅速的方法是对权重随机初始化，使用最小化损失来训练网络。怎样才能最小化损失呢？最简单的选择便是通过梯度下降来寻找最优网络权重，使模型损失函数最小。通过迭代求解多个梯度步骤来寻找最优权重，从而达到收敛的效果。

在 MAML 中，试图通过学习相似任务的分布来更快地找到这些最优权重。因此，面对新任务时，将从当前学习得到的最优权重的任务开始训练，而非通常情况下从随机初始化得到的权重重新开始训练，这种新的训练方式将减少梯度下降的迭代次数，加速模型的拟合过程，并且降低了对训练中所需数据点的需求。

下面举例说明 MAML 的算法逻辑。假设有 5 个从同一任务集中抽取的相关任务：$\Gamma_1,\Gamma_2,\cdots,\Gamma_5$。首先，随机初始化模型参数 θ。在任务 Γ_1 上训练网络，然后尝试通过梯度下降使损失最小化，得到任务 Γ_1 上的最优参数组合 θ'_1。之后在剩余的任务中重复上述训练过程，得到剩余 4 个任务的最优参数组合 $\theta'_2,\theta'_3,\cdots,\theta'_5$。

如图 7-1 所示，首先随机初始化模型参数 θ，通过梯度下降算法在每个任务上寻优，得到每个任务的最优参数组合 $\theta'_1,\theta'_2,\cdots,\theta'_5$。

显而易见，这种重复多次的计算过程将消耗大量的计算资源。那么，能不能找到一个较优的初始化参数 θ'，使这 5 个任务上都普遍具有较好的训练效果呢？这正是 MAML 所致力解决的问题。MAML 试图找到这个在众多任务中都具

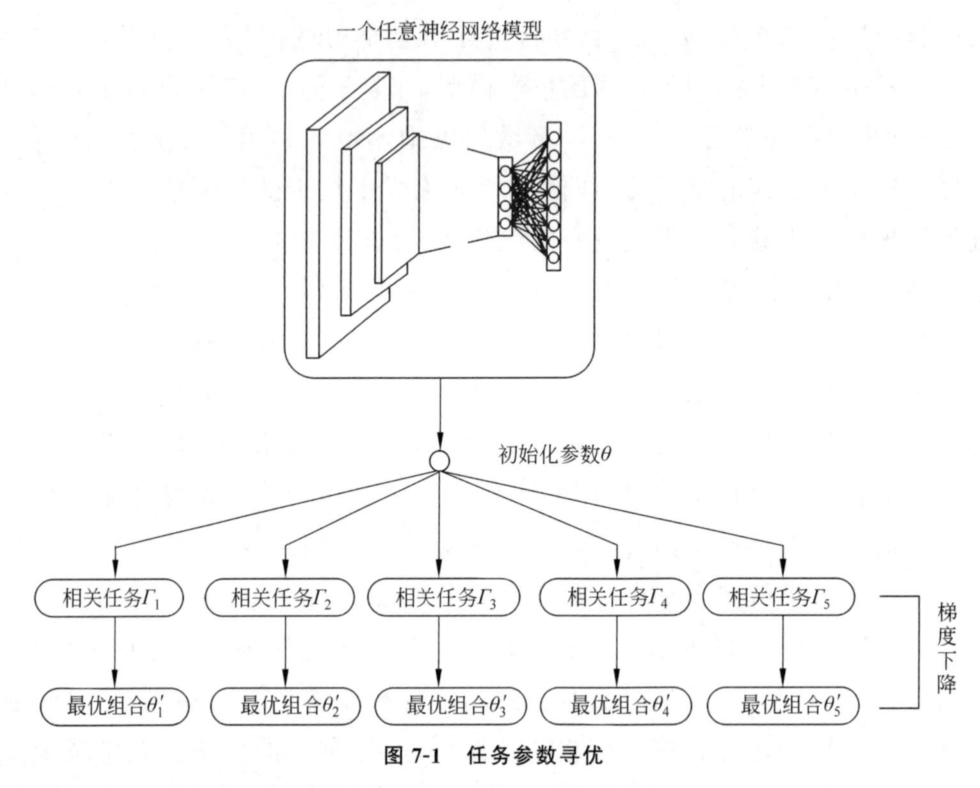

图 7-1 任务参数寻优

有较优性的初始化参数 θ'，使得训练新任务时能够以较快的速度达到最优，且大幅降低对数据的需求量。

如图 7-2 所示，将 θ 移动到对所有不同的最优值 θ' 都通用的一个位置。

这样，当需要在新的任务 Γ' 上完成训练时，便无须从随机初始得到对训练效果未知的参数组合 θ 出发，而可以通过之前训练得到在现有任务中最优的参数组合 θ' 开始模型的训练，以更快速度、使用更少的梯度下降迭代次数完成训练。因此，在 MAML 中，试图找到的这个跨任务的最优参数组合 θ' 对相关任务是通用的，这将使得我们具有使用较少数据点、较少训练时间完成模型训练的能力。而对于 MAML 中的 Model-Agnostic，即模型无关方面，MAML 与其说是一个深度学习模型，不如说是一个框架，提供一个元学习器用于训练基础学习器。绝大多数深度学习模型都可以作为基础学习器无缝嵌入 MAML 中，且 MAML 甚至可以用于强化学习中[1]。

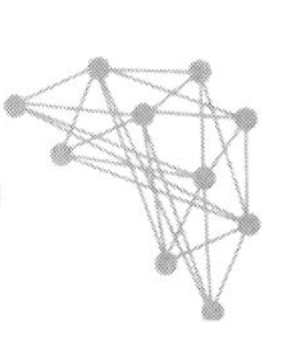

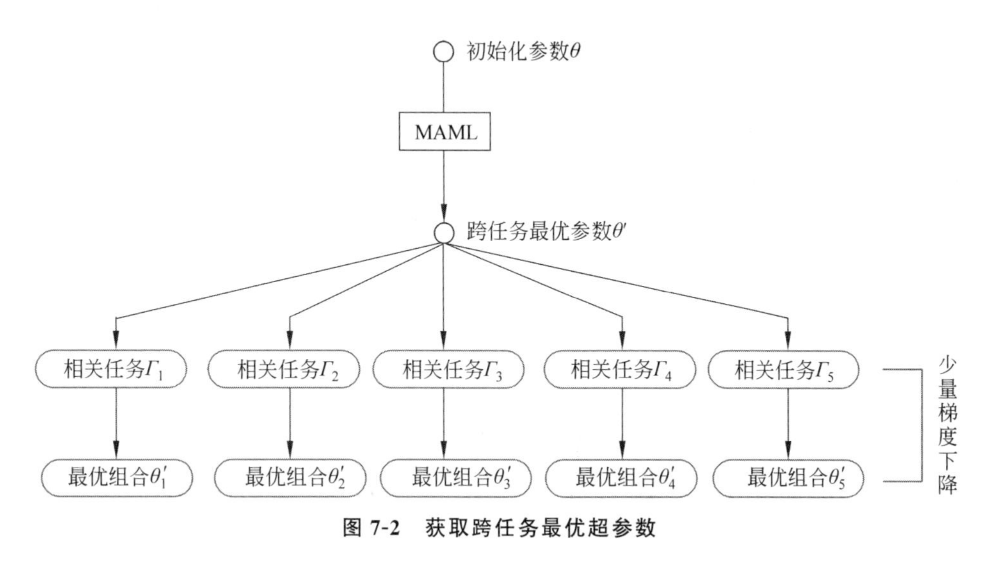

图 7-2　获取跨任务最优超参数

7.1.1 节介绍 MAML 是如何具体优化随机初始化的参数组合，并最终得到为跨任务最优参数组合的。

7.1.1　MAML 算法

前面已经初步介绍了 MAML，本节将深入讲解 MAML 算法。

讲解 MAML 前，先来回顾一下元学习面对的任务：少样本学习(few-shot learning)。少样本学习指利用很少的被标记数据训练机器学习模型(可简化为数学模型 $f(\theta)$)的过程，这也正是 MAML 擅长解决的问题。而在少样本学习中，N-way K-shot 是其中的一种常见的训练方式，其中 N-way 指训练数据中有 N 个类别，K-shot 指每个类别下有 K 个被标记的数据。

了解 MAML 要解决的任务后，使用一些数学语言描述 MAML 的任务设定：假设有一个受参数组合 θ 影响的模型 $f(\theta)$ 及其对应的任务分布 $p(\Gamma)$。任务一开始，参数组合 θ 将被随机初始化。

接下来将从任务分布 $p(\Gamma)$ 中随机抽取一定数量的任务($\Gamma_i \sim p(\Gamma)$)。假设当前情况下随机抽取 n 个任务，组成任务集 $\Gamma=\{\Gamma_1,\Gamma_2,\cdots,\Gamma_n\}$，然后在任务集中的每个任务 Γ_i 中分别抽取 k 个数据点，用于任务的训练。最后，通过计算损失 $\mathcal{L}_{\Gamma_i}(f_\theta)$，利用梯度下降最小化损失，找到使损失最小化的最优参数集。

$$\theta'_i=\theta-\alpha\nabla_\theta\mathcal{L}_{\Gamma_i}(f_\theta) \tag{7-1}$$

其中，θ'_i是由迭代得到的在当前任务Γ_i上的最优参数组合，θ是由随机初始化得到的参数组合，α为模型中的超参数，$\nabla_\theta\mathcal{L}_{\Gamma_i}(f_\theta)$是训练任务$\Gamma_i$时的梯度。

最终，对于n个具体任务，会得到n个任务的最优参数组合组：$\theta'=\{\theta'_1,\theta'_2,\cdots,\theta'_n\}$。

抽取下一批任务之前执行元更新或元优化。也就是说，在前面的步骤中，通过对每个任务Γ_i的训练，找到了每个任务Γ_i对应的最优参数组θ'_i。接着对从同一批任务Γ_i中重新采样一批样本（N-way K-shot)，使用最优参数组θ'_i计算得出任务Γ_i上新的损失$\mathcal{L}_{\Gamma_i}(f_{\theta'_i})$及其相对于所有任务初始化参数$\theta$的梯度，最后使用所有任务的梯度均值对初始化参数$\theta$进行调整，如式(7-2)所示。这使得随机初始化参数θ移动到最佳位置，从该位置开始训练下一批任务。这将有效减少优化过程的梯度步骤。此步骤称为元步骤、元更新、元优化或元训练。

$$\theta=\theta-\beta\nabla_\theta\sum_{\Gamma_i\sim p(\Gamma)}\mathcal{L}_{\Gamma_i}(f_{\theta'_i}) \tag{7-2}$$

其中β为超参数，$\nabla_\theta\sum_{\Gamma_i\sim p(\Gamma)}\mathcal{L}_{\Gamma_i}(f_{\theta'_i})$是每个任务$\Gamma_i$重新采集$K$-shot样本后相对于参数$\theta'_i$的梯度。

如果仔细观察上述元更新过程，不难发现，在MAML中，每次元更新过程中，初始化参数θ是通过对每个任务Γ_i的梯度取平均得到的。

至此可以得出MAML的整体流程，如图7-3所示。MAML对初始化参数优化需要进行两层循环：内循环和外循环。内循环的主要目的在于，针对内循环中训练的每个任务Γ_i，找到与之对应的最优参数θ'_i。而外循环的主要目的在于，使用内循环中针对每个任务Γ_i寻找得到的相对应的最优参数θ'_i完成对原有的初始化参数θ的更新，从而为模型寻得更优的初始化参数。

简而言之，在MAML中，每抽取一批任务Γ_i，算法都将根据该批任务生成对应的最优参数组合θ'_i。之后，再根据生成的整个任务组的参数组合将模型的初始化参数组合θ调整至更好的状态，以减少后续任务训练过程中的梯度过程[1-2]。

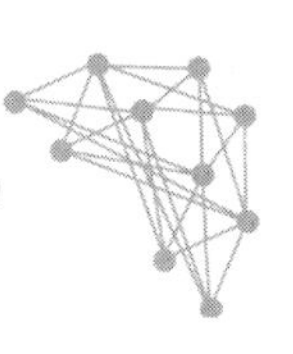

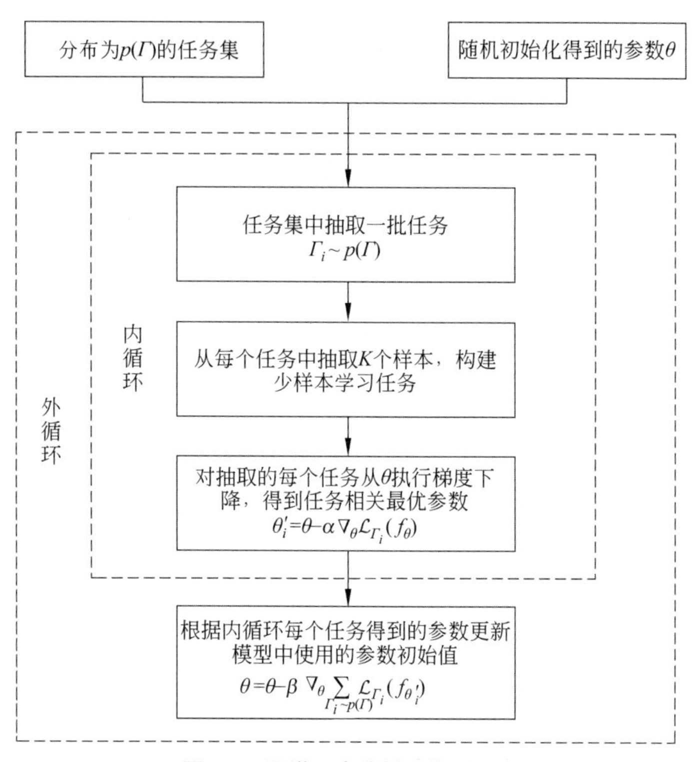

图 7-3　元学习内外循环作用示意

7.1.2　监督学习中的 MAML

正如前面章节所讨论的那样，MAML 的优势在于找到最优的初始参数。下面将介绍 MAML 在监督学习场景中相关的应用。

首先从损失函数的定义开始。根据执行的任务，损失函数可以是任何函数。

如在面对回归任务时，可以使用均方误差作为损失函数：

$$\mathcal{L}_{\Gamma_i}(f_\theta) = \sum_{x_i, y_i \sim \Gamma_i} \| f_\theta(x_i) - y_i \|_2^2 \tag{7-3}$$

而当处理分类任务时，交叉熵损失函数经常被用于衡量损失，并作为模型的损失函数：

$$\mathcal{L}_{\Gamma_i}(f_\theta) = \sum_{x_i, y_i \sim \Gamma_i} y_i \log f_\theta(x_i) + (1 - y_i)(1 - \log f_\theta(x_i)) \tag{7-4}$$

下面将逐步分析 MAML 在监督学习中的运用。

假设这样一个任务场景：利用 MAML 训练一个 5-way 5-shot（训练数据分为 5 类，每类下抽取 5 张图片用于训练）的数学模型 $M_{\text{fine-tune}}$，类别包括 $C_1 \sim C_5$（每类一次可抽取 5 个已标注样本用于训练，15 个已标注样本用于测试）。训练数据除了 $C_1 \sim C_5$ 中已标注的样本，还包括另外 10 个类别的图片 $D_1 \sim D_{10}$（每类 30 个已标注样本），用于帮助训练元学习模型 M_{meta}。

此时，$D_1 \sim D_{10}$ 即元-训练（meta-train）数据集，也可以称为 $D_{\text{meta-train}}$，包含 300 个样本，用于训练元学习模型 M_{meta}。与之相对的，$C_1 \sim C_5$ 即元-测试数据集，也可以称为 $D_{\text{meta-test}}$，包含 100 个样本，用于训练和测试 $M_{\text{fine-tune}}$ 的数据集。下面分别对元训练和元测试展开讨论。

(1) 在元-训练阶段，从元-训练数据集的每个类别随机取 20 个已标注样本，组成一个 task τ，其中的 5 个已标注样本称为支持集（support set），另外 15 个样本称为查询集（query set）。这个 task τ，就相当于普通深度学习模型训练过程中的一条训练数据，所以反复在训练数据分布中抽取若干这样的 task τ，组成一个 batch。在一个 batch 上通过随机梯度下降找到最优初始参数。整个过程大致可分为内循环和外循环两个步骤。

① 内循环。在 $D_1 \sim D_{10}$ 中随机抽取 5 个类别，每个类别随机抽取 20 个数据构成一个训练样本，即任务 task τ，其中 5 个已标注样本称为 task τ 的支持集，另 15 个标注样本则作为 task τ 的查询集。通过对任务分布 $p(\Gamma)$ 的反复抽取，将形成由若干任务做成的任务池，作为元学习的训练集，即 $D_{\text{meta-train}}$。

之后，将在 $D_{\text{meta-train}}$ 上应用监督学习算法，利用梯度下降计算损失，并使损失最小化，通过 $\theta_i' = \theta - \alpha \nabla_\theta \mathcal{L}_{\Gamma_i}(f_\theta)$ 得到最优参数 θ_i'。因此，对于每个任务，抽取 k 个数据点，最小化训练集 $D_{\text{meta-train}}$ 上的损失，得到最优参数 θ_i'。

② 外循环。执行元更新过程，这里需要在 $D_{\text{meta-test}}$ 数据集上应用监督学习算法，并试图利用梯度下降计算相对于上一步最优参数 θ_i' 的梯度，以使损失最小化，而优化的目标则是随机初始化得到的模型参数 θ。

$$\theta = \theta - \beta \nabla_\theta \sum_{\Gamma_i \sim p(\Gamma)} \mathcal{L}_{\Gamma_i}(f_{\theta_i'}) \tag{7-5}$$

外循环的元更新完成后，将重新回到对任务池 $p(\Gamma)$ 的采样中，并形成一个

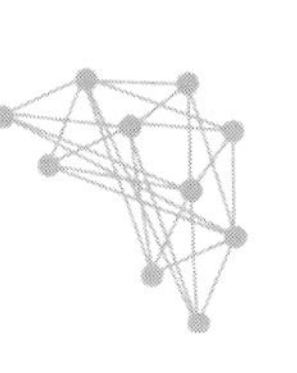

新的批次，之后再次执行内循环以及外循环过程，完成下一次的元更新。

通过反复上述过程，n 次迭代之后，逐渐将任务随机初始化的参数 θ 更新至最优的位置，并达到监督学习中 MAML 的目标，即找到更好的初始化参数 θ，更快完成对任务分类过程的训练。

（2）在元-测试阶段，任务、支持集、查询集的含义与元-训练阶段均相同，它的目的是检验整个元学习的有效性，并得到最终的数学模型 $M_{\text{fine-tune}}$[1-2]。

监督学习中的 MAML 流程如图 7-4 所示。

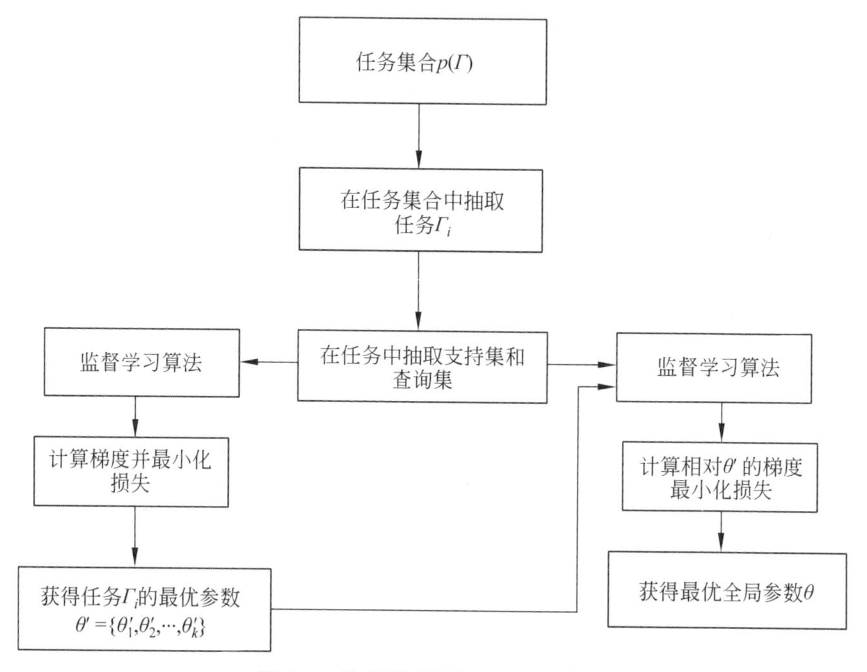

图 7-4　监督学习下的 MAML 流程

7.1.3　从头构建 MAML

7.1.2 节讲解了 MAML 的工作原理及其如何获得更好、更稳健的模型参数 θ，以在任务间泛化。现在，为了更好地理解 MAML，从头开始编写代码，并考虑一个最简单的少样本学习任务（5-way 1-shot）。使用最简单的 Omniglot 数据集作为输入数据，Omniglot 包含 1623 个不同的火星文字符，每个字符包含 20 个手写的 case。这个任务是判断每个手写的 case 属于哪一个火星文字符。之后将使用简单的 4 层卷积神经网络训练它,试图找到最优参数 θ。

你也可以在 GitHub 网站搜索,在带有注释的 Jupyter Notebook 中查看相应代码。

首先,导入开发所需的相关包,代码如下。

```
import torch, os
import numpy as np
from omniglotNShot import OmniglotNShot
import argparse
```

通过 OmniglotNShot.py 中 omniglotNShot 类下的代码完成数据的编辑。

判断如果使用的是 omniglot 数据集,并判断现有路径数据集是否存在。

```
class OmniglotNShot:
    def __init__(self, root, batchsz, n_way, k_shot, k_query, imgsz):
        self.resize = imgsz
```

判断如果使用的是 omniglot 数据集,并判断现有路径数据集是否存在,如不存在,则转入对 omniglot 数据集的下载。之后,导入 omniglot 数据集。

```
if not os.path.isfile(os.path.join(root, 'omniglot.npy')):
    #if root/data.npy does not exist, just download it
    self.x = Omniglot(root, download=True,
        transform=transforms.Compose([lambda x: Image.open(x).convert('L'),
                                      lambda x: x.resize((imgsz, imgsz)),
                                      lambda x: np.reshape(x,(imgsz, imgsz, 1)),
                                      lambda x: np.transpose(x, [2, 0, 1]),
                                      lambda x: x/255.])
    temp = dict()
#{label:img1, img2,..., 20 imgs, label2: img1, img2,... 共有 1623 个大类}
```

根据类别标签完成数据的索引,代码如下。

```
for (img, label) in self.x:
    if label in temp.keys():
        temp[label].append(img)
    else:
```

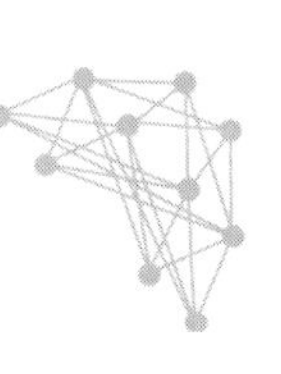

```
        temp[label] = [img]
self.x = []
for label, imgs in temp.items():
    self.x.append(np.array(imgs))
```

不同的类别中可能含有不同数量的图片,代码如下。

```
    self.x = np.array(self.x).astype(np.float)  #[[20 imgs],..., 1623 classes
in total]
    #经过抽取得到的类别中每类均含有 20 张图片
    #得到的数据形状为[1623, 20, 84, 84, 1]
    temp = []  #将上述占用内存释放
    #将上述抽取的所有数据集都保存至 npy 数据集,以利于后用
    np.save(os.path.join(root, 'omniglot.npy'), self.x)
    print('write into omniglot.npy.')
else:
    #如果 data.npy 数据集存在,那么直接加载数据集
    self.x = np.load(os.path.join(root, 'omniglot.npy'))
    print('load from omniglot.npy.')
    self.x_train, self.x_test = self.x[:1200], self.x[1200:]
#self.normalization()
self.batchsz = batchsz
self.n_cls = self.x.shape[0]  #1623
self.n_way = n_way  #n way
self.k_shot = k_shot  #k shot
self.k_query = k_query  #k query
assert (k_shot + k_query) <=20
#在总缓存中保存当前读取批次的指针
self.indexes = {"train": 0, "test": 0}
self.datasets = {"train": self.x_train, "test": self.x_test}
#original data cached
print("DB: train", self.x_train.shape, "test", self.x_test.shape)
#缓存的当前批次数据
self.datasets_cache = {"train": self.load_data_cache(self.datasets["train"]),
                       "test": self.load_data_cache(self.datasets["test"])}
```

将数据进行标准化,使其平均值为 0,sdt 为 1。

```
def normalization(self):
    self.mean = np.mean(self.x_train)
    self.std = np.std(self.x_train)
    self.max = np.max(self.x_train)
    self.min = np.min(self.x_train)
    self.x_train = (self.x_train - self.mean) / self.std
    self.x_test = (self.x_test - self.mean) / self.std
    self.mean = np.mean(self.x_train)
    self.std = np.std(self.x_train)
    self.max = np.max(self.x_train)
    self.min = np.min(self.x_train)
```

采集几批数据进行 *N*-shot 学习，代码如下。

```
#参数解释:param data_pack: [cls_num, 20, 84, 84, 1]
def load_data_cache(self, data_pack):
    #  进行 5-way-1-shot
    setsz = self.k_shot * self.n_way
    querysz = self.k_query * self.n_way
    data_cache = []
    #print('preload next 50 caches of batchsz of batch.')
    for sample in range(10):
        x_spts, y_spts, x_qrys, y_qrys = [], [], [], []
        for i in range(self.batchsz): #one batch means one set
            x_spt, y_spt, x_qry, y_qry = [], [], [], []
             selected_cls = np.random.choice(data_pack.shape[0], self.n_way,
             False)for j, cur_class in enumerate(selected_cls):
                selected_img = np.random.choice(20, self.k_shot + self.k_query,
                False)
```

构建元训练（支持集）和元测试（查询集）数据集，代码如下。

```
x_spt.append(data_pack[cur_class][selected_img[:self.k_shot]])
x_qry.append(data_pack[cur_class][selected_img[self.k_shot:]])
y_spt.append([j for _ in range(self.k_shot)])
y_qry.append([j for _ in range(self.k_query)])
```

在一个批次中进行 shuffle，代码如下。

```
perm = np.random.permutation(self.n_way * self.k_shot)
x_spt = np.array(x_spt).reshape(self.n_way * self.k_shot, 1,
```

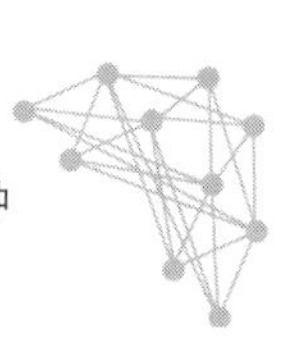

```
self.resize, self.resize)[perm]
y_spt = np.array(y_spt).reshape(self.n_way * self.k_shot)[perm]
perm = np.random.permutation(self.n_way * self.k_query)
x_qry = np.array(x_qry).reshape(self.n_way * self.k_query, 1,
self.resize, self.resize)[perm]
y_qry = np.array(y_qry).reshape(self.n_way * self.k_query)[perm]
#[sptsz, 1, 84, 84] => [b, setsz, 1, 84, 84]
    x_spts.append(x_spt)
    y_spts.append(y_spt)
    x_qrys.append(x_qry)
    y_qrys.append(y_qry)
#[b, setsz, 1, 84, 84]
x_spts = np.array(x_spts).astype(np.float32).reshape(self.batchsz,
    setsz,1, self.resize, self.resize)
y_spts = np.array(y_spts).astype(np.int).reshape(self.batchsz, setsz)
#[b, qrysz, 1, 84, 84]
x_qrys = np.array(x_qrys).astype(np.float32).reshape(self.batchsz, querysz,
    1, self.resize, self.resize)
y_qrys = np.array(y_qrys).astype(np.int).reshape(self.batchsz, querysz)
data_cache.append([x_spts, y_spts, x_qrys, y_qrys])
    return data_cache
```

再定义函数，以获取下一个训练批次，代码如下。

```
def next(self, mode='train'):
    #update cache if indexes is larger cached num
    if self.indexes[mode] > = len(self.datasets_cache[mode]):
        self.indexes[mode] = 0
        self.datasets_cache[mode] = self.load_data_cache(self.datasets[mode])
    next_batch = self.datasets_cache[mode][self.indexes[mode]]
    self.indexes[mode] += 1
    return next_batch
```

在 omniglotNShot 中完成对数据的编制后，还需要构建训练使用的基网络以及 MAML 元学习器，相关构筑代码将在 learner.py 及 meta.py 中呈现。

首先从可用于元学习的基模型构建开始，由于代码整体使用 PyTorch 架构，所以开始网络架构前需要导入 PyTorch 架构中相应的包，以便于之后的模型构建。

```
import torch
from torch import nn
from torch.nn import functional as F
import numpy as np
```

完成基础包的定义后，将开始基模型的构建，代码如下。

```
class Learner(nn.Module):
    def __init__(self, config, imgc, imgsz):
        """
        :param config: 网络设置文件,保存网络相关参数
        :param imgc: 1 or 3(图像颜色通道)
        :param imgsz: 28 or 84(用于控制图像尺寸)
        """
        super(Learner, self).__init__()
        self.config = config
        #这个 dict 包含所有需要优化的张量
        self.vars = nn.ParameterList()
        self.vars_bn = nn.ParameterList()
        for i, (name, param) in enumerate(self.config):
            if name is 'conv2d':
                #构建卷积网络模块,格式:[ch_out, ch_in, kernelsz, kernelsz]
                w = nn.Parameter(torch.ones(*param[:4]))
                torch.nn.init.kaiming_normal_(w)
                self.vars.append(w)
                self.vars.append(nn.Parameter(torch.zeros(param[0])))
            elif name is 'convt2d':
                #构建带池化的卷积网络模块,数据格式为
                #[ch_in, ch_out, kernelsz, kernelsz, stride, padding]
                w = nn.Parameter(torch.ones(*param[:4]))
                torch.nn.init.kaiming_normal_(w)
                self.vars.append(w)
                self.vars.append(nn.Parameter(torch.zeros(param[1])))
            elif name is 'linear':
                #构建线性模块,数据格式为[ch_out, ch_in]
                w = nn.Parameter(torch.ones(*param))
                torch.nn.init.kaiming_normal_(w)
                self.vars.append(w)
```

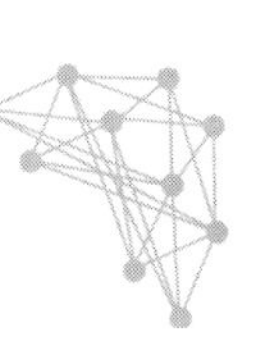

```
            self.vars.append(nn.Parameter(torch.zeros(param[0])))
        elif name is 'bn':
            #构建批正则化模块,数据格式为 [ch_out]
            w = nn.Parameter(torch.ones(param[0]))
            self.vars.append(w)
            self.vars.append(nn.Parameter(torch.zeros(param[0])))
            #请注意,务必设置 requires_grad=False
            running_mean = nn.Parameter(torch.zeros(param[0]), requires_
            grad=False)
            running_var = nn.Parameter(torch.ones(param[0]), requires_grad=
            False)
            self.vars_bn.extend([running_mean, running_var])
        elif name in ['tanh', 'relu', 'upsample', 'avg_pool2d', 'max_pool2d',
                      'flatten', 'reshape', 'leakyrelu', 'sigmoid']:
            continue
        else:
            raise NotImplementedError
```

之后将根据上文编制的不同网络格式定制相应的数据接口,代码如下。

```
def extra_repr(self):
    info = ''
    for name, param in self.config:
        if name is 'conv2d':
            tmp = 'conv2d:(ch_in:%d, ch_out:%d, k:%dx%d, stride:%d,padding:%d)'\
            %(param[1], param[0], param[2], param[3], param[4], param[5],)
            info += tmp + '\n'
        elif name is 'convt2d':
            tmp = 'convTranspose2d:(ch_in:%d, ch_out:%d, k:%dx%d, stride:%d,
            padding:%d)'\%(param[0],param[1],param[2],param[3],param[4],param
            [5],)
            info += tmp + '\n'
        elif name is 'linear':
            tmp = 'linear:(in:%d, out:%d)'%(param[1], param[0])
            info += tmp + '\n'
        elif name is 'leakyrelu':
            tmp = 'leakyrelu:(slope:%f)'%(param[0])
            info += tmp + '\n'
        elif name is 'avg_pool2d':
            tmp = 'avg_pool2d:(k:%d, stride:%d, padding:%d)'%(param[0], param
            [1], param[2])
```

```
            info += tmp + '\n'
        elif name is 'max_pool2d':
            tmp = 'max_pool2d:(k:%d, stride:%d, padding:%d)'%(param[0], param
            [1], param[2])
            info += tmp + '\n'
        elif name in ['flatten', 'tanh', 'relu', 'upsample', 'reshape', 'sigmoid',
        'use_logits', 'bn']:
            tmp = name + ':' + str(tuple(param))
            info += tmp + '\n'
        else:
            raise NotImplementedError
    return info
```

重新定义网络的前向传播操作，代码如下。

```
def forward(self, x, vars=None, bn_training=True):
    if vars is None:
        vars = self.vars
    idx = 0
    bn_idx = 0
    for name, param in self.config:
        if name is 'conv2d':
            w, b = vars[idx], vars[idx + 1]
            #训练时要保持 forward_encoder 和 forward_decoder 的同步。
            x = F.conv2d(x, w, b, stride=param[4], padding=param[5])
            idx += 2
        elif name is 'convt2d':
            w, b = vars[idx], vars[idx + 1]
            #训练时要保持 forward_encoder 和 forward_decoder 的同步。
            x = F.conv_transpose2d(x, w, b, stride=param[4],padding=param[5])
            idx += 2
            #print(name, param, '\tout:', x.shape)
        elif name is 'linear':
            w, b = vars[idx], vars[idx + 1]
            x = F.linear(x, w, b)
            idx += 2
            #print('forward:', idx, x.norm().item())
        elif name is 'bn':
            w, b = vars[idx], vars[idx + 1]
            running_mean, running_var = self.vars_bn[bn_idx], self.vars_bn[bn_
            idx+1]
```

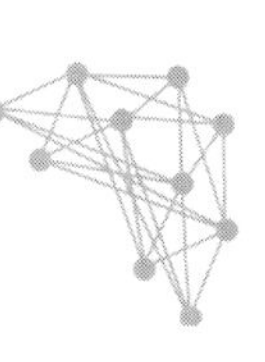

```
            x = F.batch_norm(x, running_mean, running_var, weight=w, bias=b,
            training=bn_training)
            idx += 2
            bn_idx += 2
        elif name is 'flatten':
            x = x.view(x.size(0), -1)
        elif name is 'reshape':
            #[b, 8] => [b, 2, 2, 2]
            x = x.view(x.size(0), *param)
        elif name is 'relu':
            x = F.relu(x, inplace=param[0])
        elif name is 'leakyrelu':
            x = F.leaky_relu(x, negative_slope=param[0], inplace=param[1])
        elif name is 'tanh':
            x = F.tanh(x)
        elif name is 'sigmoid':
            x = torch.sigmoid(x)
        elif name is 'upsample':
            x = F.upsample_nearest(x, scale_factor=param[0])
        elif name is 'max_pool2d':
            x = F.max_pool2d(x, param[0], param[1], param[2])
        elif name is 'avg_pool2d':
            x = F.avg_pool2d(x, param[0], param[1], param[2])
        else:
            raise NotImplementedError
    assert idx == len(vars)
    assert bn_idx == len(self.vars_bn)
    return x
```

重新定义网络的梯度归零机制，代码如下。

```
def zero_grad(self, vars=None):
    with torch.no_grad():
        if vars is None:
            for p in self.vars:
                if p.grad is not None:
                    p.grad.zero_()
        else:
            for p in vars:
                if p.grad is not None:
                    p.grad.zero_()
```

重新定义参数 parameters，这样避免初始参数返回一个生成器，代码如下。

```
def parameters(self):
        return self.vars
```

还需要通过 meta.py 文件完成对元学习器的设计。

首先需要调用 PyTorch 中的相关参数与模型，以便于元学习器的构建，并使用之前已经完成构建的网络前向部分，作为元学习的基学习器。

调用 PyTorch 中定义好的包，代码如下。

```
import torch
from torch import nn
from torch import optim
from torch.nn import functional as F
from torch.utils.data import TensorDataset, DataLoader
from torch import optim
import numpy as np
```

调用之前设置好可用于元学习的基学习器，代码如下。

```
from learner import Learner
from copy import deepcopy
```

在 Meta 类中定义元学习器，在 init 中将完成后续需要参数的初始化，代码如下。

```
class Meta(nn.Module):
    def __init__(self, args, config):
        super(Meta, self).__init__()
        self.update_lr = args.update_lr
        self.meta_lr = args.meta_lr
        self.n_way = args.n_way
        self.k_spt = args.k_spt
        self.k_qry = args.k_qry
        self.task_num = args.task_num
        self.update_step = args.update_step
```

重新设计梯度裁剪，代码如下。

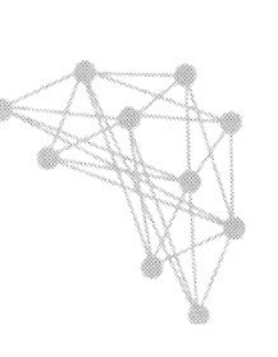

```
def clip_grad_by_norm_(self, grad, max_norm):
    """
    :param grad: 计算得到的梯度
    :param max_norm:正则化上限
    """
    total_norm = 0
    counter = 0
    for g in grad:
        param_norm = g.data.norm(2)
        total_norm += param_norm.item() ** 2
        counter += 1
    total_norm = total_norm ** (1. / 2)
    clip_coef = max_norm / (total_norm + 1e-6)
    if clip_coef < 1:
        for g in grad:
            g.data.mul_(clip_coef)
    return total_norm/counter
```

元学习网络中网络前向传播的编写,代码如下。

```
def forward(self, x_spt, y_spt, x_qry, y_qry):
    """
        :param x_spt:   [b, setsz, c_, h, w]
    :param y_spt:   [b, setsz]
    :param x_qry:   [b, querysz, c_, h, w]
    :param y_qry:   [b, querysz]
    """
    task_num, setsz, c_, h, w = x_spt.size()
    querysz = x_qry.size(1)
    losses_q = [0 for _ in range(self.update_step + 1)]
    #losses_q[i] 是第 i 步的损失
    corrects = [0 for _ in range(self.update_step + 1)]
    for i in range(task_num):
        #1. 当 k=0 时,执行第 i 个任务,并计算梯度
        logits = self.net(x_spt[i], vars=None, bn_training=True)
        loss = F.cross_entropy(logits, y_spt[i])
        grad = torch.autograd.grad(loss, self.net.parameters())
        fast_weights = list (map(lambda p: p[1] - self.update_lr * p[0], zip
                               (grad, self.net.parameters())))
        #一次更新前的损失
```

```
        with torch.no_grad():
            logits_q = self.net(x_qry[i], self.net.parameters(), bn_training=
           True)
            loss_q = F.cross_entropy(logits_q, y_qry[i])
            losses_q[0] += loss_q
            pred_q = F.softmax(logits_q, dim=1).argmax(dim=1)
            correct = torch.eq(pred_q, y_qry[i]).sum().item()
            corrects[0] = corrects[0] + correct
        #这是第一次更新后的损失和准确率
        with torch.no_grad():
            #[setsz, nway]
            logits_q = self.net(x_qry[i], fast_weights, bn_training=True)
            loss_q = F.cross_entropy(logits_q, y_qry[i])
            losses_q[1] += loss_q
            #[setsz]
            pred_q = F.softmax(logits_q, dim=1).argmax(dim=1)
            correct = torch.eq(pred_q, y_qry[i]).sum().item()
            corrects[1] = corrects[1] + correct
        for k in range(1, self.update_step):
            #1. 当 k=1~k-1 时,执行第 i 个任务,并计算梯度
            logits = self.net(x_spt[i], fast_weights, bn_training=True)
            loss = F.cross_entropy(logits, y_spt[i])
            #2. 计算在∇_θ上的梯度
            grad = torch.autograd.grad(loss, fast_weights)
            #3. θ_i^'=θ-α∇_θ L_(Γ_i ) (f_θ)
            fast_weights = list(map(lambda p: p[1] - self.update_lr * p[0], zip
                                  (grad, fast_weights)))
            logits_q = self.net(x_qry[i], fast_weights, bn_training=True)
            loss_q = F.cross_entropy(logits_q, y_qry[i])
            losses_q[k + 1] += loss_q
            with torch.no_grad():
                pred_q = F.softmax(logits_q, dim=1).argmax(dim=1)
                correct = torch.eq(pred_q, y_qry[i]).sum().item()
                #将数据转换为 numpy 格式
                corrects[k + 1] = corrects[k + 1] + correct
    #结束所有任务
    #计算所有任务中查询集的损失之和
    loss_q = losses_q[-1] / task_num
    #执行元优化
    self.meta_optim.zero_grad()
```

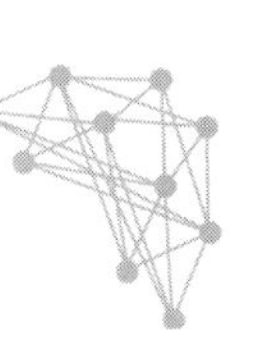

```
        loss_q.backward()
        self.meta_optim.step()
        accs = np.array(corrects) / (querysz * task_num)
        return accs
    def finetunning(self, x_spt, y_spt, x_qry, y_qry):
        """
        :param x_spt:   [setsz, c_, h, w]
        :param y_spt:   [setsz]
        :param x_qry:   [querysz, c_, h, w]
        :param y_qry:   [querysz]
        :return:
        """
        assert len(x_spt.shape) == 4
        querysz = x_qry.size(0)
        corrects = [0 for _ in range(self.update_step_test + 1)]
        #为了不破坏 running_mean/variance 和 bn_weight/bias 的状态,
        #我们在复制的模型上进行 finetunning,而不是在 self.net 上
        net = deepcopy(self.net)
        #1. 当 k=0 时,执行第 i 个任务并计算梯度
        logits = net(x_spt)
        loss = F.cross_entropy(logits, y_spt)
        grad = torch.autograd.grad(loss, net.parameters())
        fast_weights = list(map(lambda p: p[1] - self.update_lr * p[0], zip(grad,
                             net.parameters())))
        #此处为第一次更新前的损失和准确率
        with torch.no_grad():
            #[setsz, nway]
            logits_q = net(x_qry, net.parameters(), bn_training=True)
            #[setsz]
            pred_q = F.softmax(logits_q, dim=1).argmax(dim=1)
            #scalar
            correct = torch.eq(pred_q, y_qry).sum().item()
            corrects[0] = corrects[0] + correct
        #此处为第一次更新后的损失和准确率
        with torch.no_grad():
            #[setsz, nway]
            logits_q = net(x_qry, fast_weights, bn_training=True)
            #[setsz]
            pred_q = F.softmax(logits_q, dim=1).argmax(dim=1)
            #scalar
```

```
        correct = torch.eq(pred_q, y_qry).sum().item()
        corrects[1] = corrects[1] + correct
    for k in range(1, self.update_step_test):
        #1. 当 k=1~k-1,执行第 i 个任务,并计算梯度
        logits = net(x_spt, fast_weights, bn_training=True)
        loss = F.cross_entropy(logits, y_spt)
        #2. 计算在∇_θ上的梯度
        grad = torch.autograd.grad(loss, fast_weights)
        #3. θ_i^'=θ-α∇_θ L_(Γ_i ) (f_θ)
        fast_weights = list(map(lambda p: p[1] - self.update_lr * p[0], zip
                       (grad, fast_weights)))
        logits_q = net(x_qry, fast_weights, bn_training=True)
        loss_q = F.cross_entropy(logits_q, y_qry)
        with torch.no_grad():
            pred_q = F.softmax(logits_q, dim=1).argmax(dim=1)
            correct = torch.eq(pred_q, y_qry).sum().item()  #convert to numpy
            corrects[k + 1] = corrects[k + 1] + correct
    del net
    accs = np.array(corrects) / querysz
    return accs
```

之后将使用 MAML，对保存在 omniglot.npy 中划分的支持集和查询集进行训练。此处将主要使用 omniglot_train.py 中代码完成训练。

首先需要导入相关的基础包以及自定义的类。代码如下。

```
import torch, os
import numpy as np
from omniglotNShot import OmniglotNShot
import argparse
from meta import Meta
class OmniglotNShot:
    def __init__(self, root, batchsz, n_way, k_shot, k_query, imgsz):
        """
        Different from mnistNShot, the
        :param root:
        :param batchsz: task num
        :param n_way:
        :param k_shot:
        :param k_qry:
```

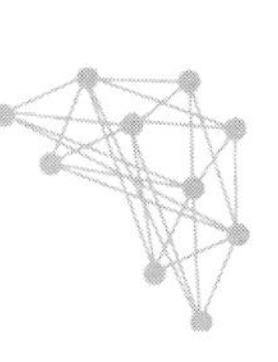

```
        :param imgsz:
        """
        self.resize = imgsz
        if not os.path.isfile(os.path.join(root, 'omniglot.npy')):
            #if root/data.npy does not exist, just download it
            self.x = Omniglot(root, download=True,
                    transform=transforms.Compose([
                    lambda x: Image.open(x).convert('L'),
                    lambda x: x.resize((imgsz, imgsz)),
                    lambda x: np.reshape(x, (imgsz, imgsz, 1)),
                    lambda x: np.transpose(x, [2, 0, 1]),
                    lambda x: x/255.]))
            temp = dict()
            for (img, label) in self.x:
                if label in temp.keys():
                    temp[label].append(img)
                else:
                    temp[label] = [img]
            self.x = []
            for label, imgs in temp.items():
                self.x.append(np.array(imgs))
            #as different class may have different number of imgs
            self.x = np.array(self.x).astype(np.float)
            #[[20 图片], ..., 共 1623 类]
            print('data shape:', self.x.shape)
```

此处会输出数据的格式，包括类别、每类中的图片数、图片尺寸及通道[1623,20,84,84,1]。

```
            temp = []  #释放内存
            np.save(os.path.join(root, 'omniglot.npy'), self.x)
            print('write into omniglot.npy.')
        else:
            #if data.npy exists, just load it.
            self.x = np.load(os.path.join(root, 'omniglot.npy'))
            print('load from omniglot.npy.')
        self.x_train, self.x_test = self.x[:1200], self.x[1200:]
        #self.normalization()
        self.batchsz = batchsz
```

```
self.n_cls = self.x.shape[0]  #1623
self.n_way = n_way  #n way
self.k_shot = k_shot  #k shot
self.k_query = k_query  #k query
assert (k_shot + k_query) <=20
```

在总缓存中保存当前读取批次的指针,代码如下。

```
    self.indexes = {"train": 0, "test": 0}
    self.datasets = {"train": self.x_train, "test": self.x_test}
    #缓存的原始数据
    print("DB: train", self.x_train.shape, "test", self.x_test.shape)
    self.datasets_cache = {"train": self.load_data_cache(self.datasets
                          ["train"]),"test": self.load_data_cache(self.
                          datasets["test"])}
    #缓存的当前步数据
    def normalization(self):
    self.mean = np.mean(self.x_train)
    self.std = np.std(self.x_train)
    self.max = np.max(self.x_train)
    self.min = np.min(self.x_train)
    self.x_train = (self.x_train - self.mean) / self.std
    self.x_test = (self.x_test - self.mean) / self.std
    self.mean = np.mean(self.x_train)
    self.std = np.std(self.x_train)
    self.max = np.max(self.x_train)
    self.min = np.min(self.x_train)
```

采集数据进行 N-shot 学习,代码如下。

```
def load_data_cache(self, data_pack):
#:param data_pack: [cls_num, 20, 84, 84, 1]
#  以 5-way-1-shot 为例: 5 * 1
    setsz = self.k_shot * self.n_way
    querysz = self.k_query * self.n_way
    data_cache = []
    for sample in range(10):  #num of episodes
        x_spts, y_spts, x_qrys, y_qrys = [], [], [], []
        for i in range(self.batchsz):  #one batch means one set
            x_spt, y_spt, x_qry, y_qry = [], [], [], []
```

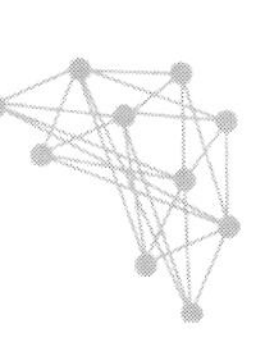

```
            selected_cls = np.random.choice(data_pack.shape[0], self.n_way,
            False)
            for j, cur_class in enumerate(selected_cls):
            selected_img = np.random.choice(20, self.k_shot + self.k_query,
            False)
            #meta-training and meta-test
            x_spt.append(data_pack[cur_class][selected_img[:self.k_shot]])
            x_qry.append(data_pack[cur_class][selected_img[self.k_shot:]])
            y_spt.append([j for _ in range(self.k_shot)])
            y_qry.append([j for _ in range(self.k_query)])
        #shuffle inside a batch
        perm = np.random.permutation(self.n_way * self.k_shot)
        x_spt = np.array(x_spt).reshape(self.n_way * self.k_shot, 1, self.
        resize, self.resize)[perm]
        y_spt = np.array(y_spt).reshape(self.n_way * self.k_shot)[perm]
        perm = np.random.permutation(self.n_way * self.k_query)
        x_qry = np.array(x_qry).reshape(self.n_way * self.k_query, 1, self.
        resize, self.resize)[perm]
        y_qry = np.array(y_qry).reshape(self.n_way * self.k_query)[perm]
        #append [sptsz, 1, 84, 84] => [b, setsz, 1, 84, 84]
        x_spts.append(x_spt)
        y_spts.append(y_spt)
        x_qrys.append(x_qry)
        y_qrys.append(y_qry)
    #[b, setsz, 1, 84, 84]
    x_spts = np.array(x_spts).astype(np.float32).reshape(self.batchsz, setsz,
    1, self.resize, self.resize)
    y_spts = np.array(y_spts).astype(np.int).reshape(self.batchsz, setsz)
    #[b, qrysz, 1, 84, 84]
    x_qrys = np.array(x_qrys).astype(np.float32).reshape(self.batchsz,
    querysz, 1, self.resize, self.resize)
    y_qrys = np.array(y_qrys).astype(np.int).reshape(self.batchsz, querysz)
    data_cache.append([x_spts, y_spts, x_qrys, y_qrys])
return data_cache
```

读取下一批次数据，代码如下。

```
def next(self, mode='train'):
#:param mode: 数据集名 (one of "train", "val", "test")
        #update cache if indexes is larger cached num
```

```
        if self.indexes[mode] > = len(self.datasets_cache[mode]):
            self.indexes[mode] = 0
            self.datasets_cache[mode] = self.load_data_cache(self.datasets[mode])
        next_batch = self.datasets_cache[mode][self.indexes[mode]]
        self.indexes[mode] += 1
        return next_batch
if __name__ == '__main__':
    import time
    import torch
    import visdom
    #plt.ion()
    viz = visdom.Visdom(env='omniglot_view')
    db = OmniglotNShot('db/omniglot', batchsz=20, n_way=5, k_shot=5, k_query=
        15, imgsz=64)
    for i in range(1000):
        x_spt, y_spt, x_qry, y_qry = db.next('train')
        #[b, setsz, h, w, c] => [b, setsz, c, w, h] => [b, setsz, 3c, w, h]
        x_spt = torch.from_numpy(x_spt)
        x_qry = torch.from_numpy(x_qry)
        y_spt = torch.from_numpy(y_spt)
        y_qry = torch.from_numpy(y_qry)
        batchsz, setsz, c, h, w = x_spt.size()
        viz.images(x_spt[0], nrow=5, win='x_spt', opts=dict(title='x_spt'))
        viz.images(x_qry[0], nrow=15, win='x_qry', opts=dict(title='x_qry'))
        viz.text(str(y_spt[0]), win='y_spt', opts=dict(title='y_spt'))
        viz.text(str(y_qry[0]), win='y_qry', opts=dict(title='y_qry'))
        time.sleep(10)
```

使用上述 MAML 模型可以完成对 omniglot 数据集的分类任务，通过 MAML 可以很轻易地在 omniglot 数据集中的 5-way 5-shot 分类任务中达到近乎 100%的分类准确率，而即使将少样本学习模型改为上文提及的 5-way-1-shot，也可以获得 80%以上的分类准确率。

7.1.4 强化学习中的 MAML

什么是元强化学习？这得从深度学习开始说起。深度学习致力研究一个从 x 到 y 的映射，只是这个映射函数 f 是用一个端到端的深度神经网络来表示。如果是计算机视觉中的图像识别，x 就是图片，y 就是标签；如果是自然语言处

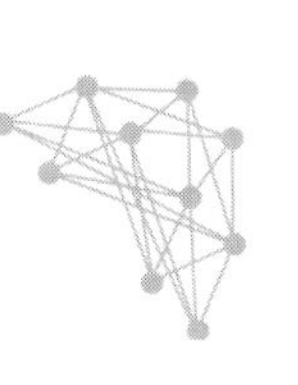

理中的文本翻译，x 就好比是中文，y 就是英文。深度学习研究的就是通过深度神经网络来学习一个针对某一特定任务的模型。通过大量的样本训练，训练完，这个模型就可以用在特定任务上，但希望读者注意，深度学习研究得到的模型具有一定的任务限制性，即在任务 A 中训练到表现良好的模型，如果不作任何修改，就直接应用到和任务 A 差别很大的任务 B 时，得到的效果将很难称得上理想。

而在元学习中，元学习的目的是希望学习很多很多的任务，有了这些学习经验后，面对新的需要训练的任务时，能够较快地完成对任务的拟合。而元学习中的"元"正是指元学习在训练时，元模型将高于基模型。且在元学习的问题上，任务是作为样本来输入的。显然，无须继续如传统深度学习中那样，在面对新任务时重复训练模型。而可以应用元学习，对智能体进行一组相关任务的训练，使得智能体能够利用以前的知识，在最短的时间内学习新的相关任务，而不必从头开始训练。

元强化学习(meta reinforcement learning)是元学习应用到强化学习中的一个研究方向，核心的想法就是希望 AI 在学习大量的强化任务中获取足够的先验知识，然后在面对新的 RL 任务时能够学得更快，学得更好，能够自适应新环境[2]。

对于 MAML，可以使用任何可以通过梯度下降训练的强化学习算法。使用策略梯度(policy gradients)来训练模型。策略梯度通过直接将策略 π 的参数 $\pi\theta$ 参数化为 θ 来找到最优策略。使用 MAML 试图找到这个可在任务间泛化的最优参数 θ。应选择什么损失函数呢？在强化学习中，通过最大化正回报和最小化负回报来找到最优策略，因此将损失函数设为最小化负回报，即

$$\mathcal{L}_{\Gamma_i}(f_\theta) = -\mathbb{E}_{x_t, a_t \sim f_\theta, q\Gamma_i}\left[\sum_{t=1}^{H} R_i(x_t, a_t)\right] \tag{7-6}$$

$R_i(x_t, a_t)$ 表示在 t 时刻对状态 x 采取 a 行为的回报，$t=1\sim H$ 表示时间步数，其中 H 为上限，即最终时间。

假设有一个由 θ 影响的模型 f_θ 以及任务的分布 $p(\Gamma)$。首先用一些随机值初始化参数 θ。接下来，从任务的分布中抽取一批任务 Γ_i(即 $\Gamma_i \sim p(\Gamma)$)。

然后，对每个任务抽取 k 个轨迹，用于构建支持集与查询集：D_{support}、D_{query}。数据集基本包含了轨迹信息，比如观察和行为。通过执行梯度下降并找到最优参数 θ' 来最小化支持集 D_{support} 上的损失

$$\theta'_i=\theta-\alpha\nabla_\theta\mathcal{L}_{\Gamma_i}(f_\theta) \tag{7-7}$$

现在，抽取下一批任务前执行一个元更新，也就是说，通过计算相对于最优参数 θ'_t 的损失梯度来最小化查询集 D_{query} 上的损失，以更新随机初始化参数 θ

$$\theta=\theta-\beta\nabla_\theta\sum_{\Gamma_i\sim p(\Gamma)}\mathcal{L}_{\Gamma_i}(f_{\theta'_t}) \tag{7-8}$$

7.2 ADML

以上讲解了使用 MAML 来找到最优参数 θ，该参数可在任务间泛化。下面讲解 MAML 的变体——ADML，它使用干净样本(clean sample)和对抗样本(adversarial sample)来找到更好、更稳健的初始模型参数 θ。对抗样本产生于对抗攻击(adversarial attack)。假设有一个图像，对抗攻击以一种肉眼无法察觉的方式对图像进行轻微修改，这种修改后的图像称为对抗图像。当把这个对抗图像输入模型时，它不能正确地分类。现在有几种用于获得对抗样本的对抗攻击。一个常用的方法是快速梯度符号法(fast gradient sign method，FGSM)[3]。

7.2.1 FGSM

FGSM 是一种基于梯度生成对抗样本的算法，属于对抗攻击中的无目标攻击(即不要求对抗样本经过 model 预测指定的类别，只要与原样本预测的不一样即可)。

简单的反向传播(back propagation，BP)网络结构在求损失函数最小值时，会沿着梯度的反方向移动，使用减号，也就是所谓的梯度下降算法；而 FGSM 可以理解为梯度上升算法，也就是使用加号，使得损失函数最大化。

其原理是，在白盒环境下，通过求出模型对输入数据的导数，用 sign()函数求得其梯度方向，再乘以步长，得到的就是其扰动量，将这个扰动量加在原来的

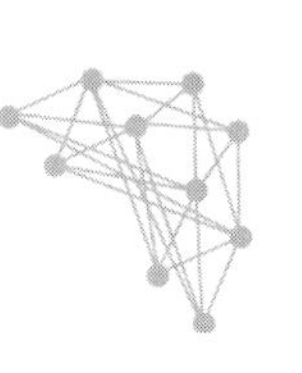

输入上，就得到了在FGSM攻击下的样本，这个样本很大概率上可以使模型分类错误，这就达到了攻击的目的。FGSM的攻击表达式如下。

$$x_{\mathrm{adv}} = x + \varepsilon \operatorname{sign}(\nabla_x J(x, y_{\mathrm{true}})) \tag{7-9}$$

其中 x_{adv} 是对抗图像，x 是输入的图像，而 $\nabla_x J(x, y_{\mathrm{true}})$ 是相对于输入图像的损失梯度[4]。

如图7-5所示，对抗图像是通过在实际图片之上添加图像，经sign处理的损失梯度值得到的。

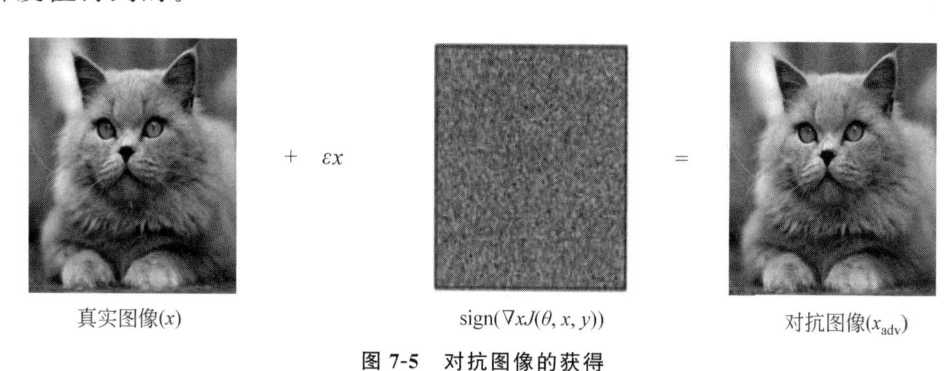

图7-5 对抗图像的获得

7.2.2 ADML的流程

介绍过对抗样本及其生成过程后，下面介绍如何在元学习中使用这些对抗样本。首先，在存在干净样本可用于训练元学习模型的情况下，为什么要引入对抗样本进行模型的训练？答案很简单，在算法的内循环和外循环中同时使用纯净样本和对抗样本，且这两种样本贡献相同的情况下，将更好地找到稳健的模型参数 θ。ADML利用干净样本和对抗样本之间这种不断变化的相关性来获得更好、更稳健的模型初始化参数，这将使得到的模型不但对纯净样本具有适应性，也能对对抗样本，或者说实际中存在干扰的样本会有较好的适应能力，使得得到的模型面对新任务时能够更好地泛化。

引入对抗样本概念后，下面介绍对抗样本在元学习模型中的应用。首先构建一个标准的元学习假设：假设有任务的分布 $p(\Gamma)$，从任务的分布中抽取一批任务 Γ_i。对于每个任务，抽取 k 个数据点，并构建训练集与测试集。

在 ADML 中，同时从干净样本与对抗样本中抽取支持集与查询集，$D_{\text{clean}_i}^{\text{support}}$、$D_{\text{adv}_i}^{\text{support}}$、$D_{\text{clean}_i}^{\text{query}}$、$D_{\text{adv}_i}^{\text{query}}$。现在在支持集上计算损失，通过梯度下降最小化损失，并找到最优参数 θ'。由于有 $D_{\text{clean}_i}^{\text{support}}$ 和 $D_{\text{adv}_i}^{\text{support}}$，对这两个集合进行梯度下降，分别找到在这两个支持集上的最优参数 θ'_{clean_i} 与 θ'_{adv_i}：

$$
\begin{aligned}
\theta'_{\text{clean}_i} &= \theta - \alpha_{\text{clean}} \nabla_\theta \mathcal{L}_{\Gamma_i}(f_\theta, D_{\text{clean}_i}^{\text{support}}) \\
\theta'_{\text{adv}_i} &= \theta - \alpha_{\text{adv}} \nabla_\theta \mathcal{L}_{\Gamma_i}(f_\theta, D_{\text{adv}_i}^{\text{support}})
\end{aligned}
\tag{7-10}
$$

其中 α_{clean} 与 α_{adv} 是两个集合中进行梯度下降时的学习率。现在进行元训练过程。通过计算相对于上一步中最优参数 θ' 的损失的梯度，在查询集上最小化损失，来找到最优参数 θ。通过计算相对于最优参数 θ'_{clean_i} 与 θ'_{adv_i} 损失的梯度，在 $D_{\text{clean}_i}^{\text{support}}$ 和 $D_{\text{adv}_i}^{\text{support}}$ 上以最小化为目标来更新模型参数 θ[4-6]：

$$
\begin{aligned}
\theta &= \theta - \beta_{\text{clean}} \nabla_\theta \sum_{\Gamma_i \sim p(\Gamma)} \mathcal{L}_{\Gamma_i}(f_{\theta'_{\text{clean}_i}}, D_{\text{clean}_i}^{\text{support}}) \\
\theta &= \theta - \beta_{\text{adv}} \nabla_\theta \sum_{\Gamma_i \sim p(\Gamma)} \mathcal{L}_{\Gamma_i}(f_{\theta'_{\text{adv}_i}}, D_{\text{adv}_i}^{\text{support}})
\end{aligned}
\tag{7-11}
$$

7.2.3 从头构建 ADML

7.2.2 节介绍了 ADML 的工作原理，以及如何创造对抗样本，并讲解了将获得的对抗样本与纯净样本相结合，用于训练模型，以得到更好的、更稳健的、能够用于任务间泛化的模型参数 θ。这一节将通过从头开始编写代码来更好地理解 ADML。下面讲解 ADML 是如何运作的，大致过程如下：随机生成一组训练数据，并使用简单的卷积网络去训练它，试图找到最优参数 θ。

首先，导入模型所需的相关类库，代码如下。

```
import numpy as np
import torch
import torch.nn as nn
import torch.nn.functional as F
from torch.autograd import Variable
import torch.optim as optim
```

接着，定义一个名为 sample_point 的函数生成干净输入对 (x, y)。它以 k 作为输入参数，即抽取 (x, y) 对的数量，代码如下。

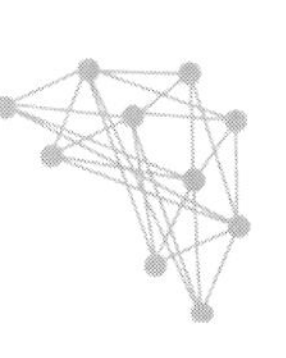

```
def sample_point(k):
    x = np.random.rand(k,50)
    y = np.random.choice([0,1],size=k,p=[.5,.5]).reshape([-1,1])
    x = torch.from_numpy(x)
    x = x.float()
        y = torch.from_numpy(y)
        y = y.float()
        return x,y
```

下面定义一个名为 FGSM 的类，在这个类中，通过已下载的原始图像数据生成所需的对抗样本。前面详细讲解了对抗样本的生成过程，即通过纯净样本计算获得对抗样本，而非使用模型参数的梯度来完成数据的生成，代码如下。

```
class FGSM(nn.Module):
    def __init__(self,input_dim,hidden_dim):
        super(FGSM, self).__init__()
        self.input_dim = input_dim
    self.hidden_dim = hidden_dim
    self.linear = nn.Linear(input_dim,hidden_dim)
         def forward(self,x):
                  #x = Variable(x,requires_grad=True)
                  return self.linear(x).reshape(-1,1)
```

接着再定义一个名为 ADML 的类，并在其中实现 ADML 算法。在__init__方法中初始化所有必要的变量，代码如下。

```
class ADML(nn.Module):
    def __init__(self,input_dim,hidden_dim):
       super(ADML, self).__init__()
            self.input_dim = input_dim
    self.hidden_dim = hidden_dim
    self.W = nn.Parameter(torch.zeros(size=[input_dim,hidden_dim]))
    def forward(self,x):
    y_predict = torch.matmul(x,self.W).reshape(-1,1)
    return y_predict
```

之后，对基于 PyTorch 架构定义的相关类进行初始化，代码如下。

```
fgsmModel = FGSM(50,1)
admlModel = ADML(50,1)
```

```
optimerf = optim.Adam(fgsmModel.parameters(),lr=0.01,weight_decay=1e-5)
optimera = optim.Adam(admlModel.parameters(),lr=0.01,weight_decay=1e-5)
loss_functionf = nn.MSELoss()
loss_functiona = nn.MSELoss()
```

然后对模型中需要使用的一些超参数进行初始化。

初始化轮数即训练迭代次数如下。

```
epochs = 100
```

初始化任务的数量,即每批任务中需要的任务数量如下。

```
tasks = 10
```

外循环(外部梯度更新,即元优化)的超参数如下。

```
#干净样本
betac = 0.0001
#对抗样本
betaa = 0.0001
```

初始化干净样本与对抗样本的优化目标,即训练后的后模型参数如下。

```
#干净样本
theta_martix_clean = torch.zeros(size=[10,50,1])
theta_martix_clean = theta_martix_clean.float()
#对抗样本
theta_martix_adv = torch.zeros(size=[10,50,1])
theta_martix_adv = theta_martix_adv.float()
```

随机初始化模型参数 θ(theta),代码如下。

```
ori_theta = torch.rand(size=[50,1])
ori_theta = ori_theta.float()
```

初始化相关参数,代码如下。

```
meta_gradient_adv = torch.zeros_like(ori_theta)
meta_gradient_clean = torch.zeros_like(ori_theta)
epsilon = 0.001
```

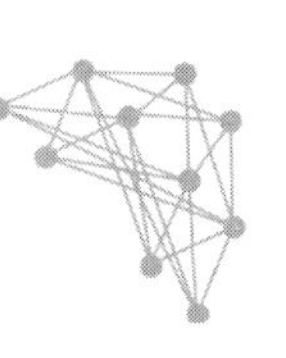

下面开始进行模型的训练，代码如下。

```
def train(epoch):
    global ori_theta,meta_gradient, meta_gradient_adv, meta_gradient_clean
    loss_sum_clean = 0.0
    loss_sum_adv = 0.0
    for i in range(tasks):
        '''
        对每一个任务进行迭代
        '''
        #首先，生成原始样本，调用 FGSM 生成对抗样本
        x_train,y_train = sample_point(10)
        x_train = Variable(x_train,requires_grad=True)
        optimerf.zero_grad()
        y_fgsm_predict = fgsmModel(x_train)
        loss_fgsm_pre = loss_functionf(y_train,y_fgsm_predict)
        loss_fgsm_pre.backward()
        optimerf.step()
        x_adv = x_train + epsilon * torch.sign(x_train.grad.detach_())
```

调用真实样本和对抗样本来训练 ADML 模型，注意这里对于每一个任务中的真实样本和对抗样本需要分别训练，它们的训练顺序不影响最终结果。

```
        admlModel.W.data = ori_theta.data
        optimera.zero_grad()
        y_predict = admlModel(x_train)
        loss_adml_clean = loss_functiona(y_train,y_predict)
        loss_sum_clean = loss_sum_clean + loss_adml_clean.item()
        loss_adml_clean.backward()
        optimera.step()
        #保存参数结果
        theta_martix_clean[i,:] = admlModel.W
        #然后，训练对抗样本集合
        admlModel.W.data = ori_theta.data
        optimera.zero_grad()
        y_predict = admlModel(x_adv)
        loss_adml_adv = loss_functiona(y_train,y_predict)
        loss_sum_adv = loss_sum_adv + loss_adml_adv.item()
        loss_adml_adv.backward()
        optimera.step()
```

```
        theta_martix_adv[i,:] = admlModel.W
    for i in range(tasks):
        '''
        下面开始测试过程：同理，我们需要测试用的真实样本集合与对抗样本集合
        '''
        #首先，生成真实样本和对抗样本
        x_test, y_test = sample_point(10)
        x_test = Variable(x_test, requires_grad=True)
        optimerf.zero_grad()
        y_fgsm_predict = fgsmModel(x_test)
        loss_fgsm_pre = loss_functionf(y_test, y_fgsm_predict)
        loss_fgsm_pre.backward()
        optimerf.step()
        x_adv_test = x_test + epsilon * torch.sign(x_test.grad.detach_())
        #进一步，我们需要使用真实样本的参数来计算对抗样本组成的测试集
        #同时，我们使用对抗样本生成的参数来计算真实样本组成的测试集
        #首先，我们用真实集的参数来计算对抗样本
        admlModel.W.data = theta_martix_clean[i]
        optimera.zero_grad()
        y_adv_predict_test = admlModel(x_adv_test)
        loss_adml_adv_test = loss_functiona(y_test,y_adv_predict_test)
        loss_adml_adv_test.backward()
        optimera.step()
        meta_gradient_adv = meta_gradient_adv + admlModel.W
        #然后，我们使用对抗集参数来计算真实演变
        admlModel.W.data = theta_martix_adv[i]
        optimera.zero_grad()
        y_predict_test = admlModel(x_test)
        loss_adml_test = loss_functiona(y_test, y_predict_test)
        loss_adml_test.backward()
        optimera.step()
        meta_gradient_clean = meta_gradient_clean + admlModel.W
        #最后，我们来更新原始的参数
        ori_theta = ori_theta - betac * meta_gradient_clean
        ori_theta = ori_theta - betaa * meta_gradient_adv
        print("the Epoch is {:04d}".format(epoch),
              "the loss clean is {:.4f}".format(loss_sum_clean),
              "the loss adv is {:.4f}".format(loss_sum_adv))
if __name__ == "__main__":
    for epoch in range(epoches):
        train(epoch)
```

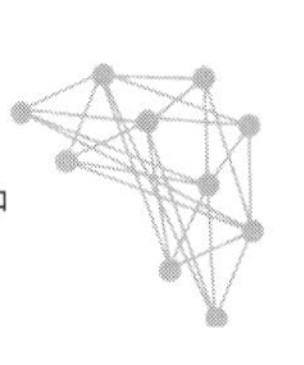

7.3 CAML

前面介绍了 MAML 如何找到最优的初始化参数，这使得它可以很容易地适应梯度步骤较少的新任务。本章将介绍一个 MAML 的变体——CAML。作为 MAML 的变体，CAML 和 MAML 的共同点在于两者都试图找到更好的初始参数。正如前面讲解的，MAML 试图通过两个循环来完成对初始化参数的寻优过程：在内循环中，它将通过学习同具体任务相关的参数，并通过梯度下降来完成对其的寻优；而在外循环中，它将更新全局的初始化参数，以减少在不同任务间的损失期望，这将使得寻得的初始化参数具有更大的任务间泛化能力，并有利于之后模型在新任务上快速适应。而 CAML 则对 MAML 做出改进，不同于 MAML 中使用单个模型参数，CAML 将模型的参数分成了两部分，一部分是上下文参数(context parameters)，作为模型的额外输入，使其适应于单独的任务；另一部分是共享参数(shared parameters)，在任务间共享并通过元学习训练过程优化。CAML 在每个新任务上只更新模型的上下文参数，这样使用更大的网络时避免在单一任务上过拟合，并且节省内存。

在元学习中，为了达成在新任务上的快速适应，MAML 类算法经常通过少数几步的梯度来完成对新任务的适应，这时 MAML 内循环实际上变成了一个任务识别问题，而非尝试解决整体任务面对的问题。如果要解决这个问题，就需要引入任务外的、独立于当前任务的模型输入。而这个任务外的模型输入。正是 CAML 的重点，即上下文参数 ϕ。ϕ 将会在元学习过程的内循环中更新，其余的参数即共享参数 θ 在外循环中更新，使 CAML 优化过程更加明确，在任务间优化独立于任务的参数 θ，同时保证任务特异的参数 ϕ 可以快速地适应新任务。这相当于将 MAML 中的任务嵌入同任务求解器相分离，如此，可以有如下好处[6-10]。

(1) 这两部分的大小可以根据任务进行合适的调整，使得在使用更深的网络进行训练时，能够在内循环不会对某个任务过拟合(MAML 在使用更深的网络时会过拟合)。

(2) 模型设计和结构选择也从这种分离中受益,因为对于许多实际问题,事先知道任务之间在哪些方面不同,因此也知道了 ϕ 的容量。

(3) 由于只对 ϕ 求高阶导,避免了在神经网络对 weights 和 biases 的操作。

(4) 由于不用像 MAML 一样在内层循环时复制参数,减少了写内存的次数,加快了训练过程。

下面将介绍 CAML 中算法的工作原理。

(1) 假设有一个由 θ 影响的模型 f 以及任务的分布 $p(\Gamma)$。首先,随机初始化参数 θ,并初始化上下文参数 $\phi_0=0$。

(2) 现在,从任务的分布中抽取一批任务 Γ_i,即 $\Gamma_i \sim p(\Gamma)$。

(3) 内循环:在任务 Γ_i 中抽取用于训练任务的训练集和测试集 D_i^{train} 和 D_i^{test}。

(4) 从初值 ϕ_0 开始(可以是常值或在学习过程中更新,通常取 0),通过一步梯度更新学习任务特异参数 ϕ_i:

$$\phi_i = \phi_0 - \alpha \nabla_\phi \sum_{(x,y)\in D_i^{\text{train}}} \mathcal{L}_{\Gamma_i}(f_{\phi_0}, \theta(x), y) \tag{7-12}$$

(5) 外循环:我们通过内循环得到的任务特异参数 ϕ_i 在 D_i^{test} 上完成对测试数据的拟合,执行更新 θ 的元学习步骤,以获得全局最优参数 θ:

$$\theta \leftarrow \theta - \beta \nabla_\theta \sum_{(x,y)\in D_i^{\text{test}}} \mathcal{L}_{\Gamma_i}(f_{\phi_i}, \theta(x), y) \tag{7-13}$$

(6) 对步骤(2)~(5)进行 n 次迭代。

7.4 小　　结

本章通过对 MAML 及其衍生而出的变体的讲解,找到了在任务间具有最佳泛化性能的参数 θ,从而达到减少梯度步骤,进而快速适应新任务的目的。7.1.4 节讲解了 MAML 内、外循环的运作逻辑,以及如何执行元优化来计算最优模型参数;之后介绍了对抗学习(ADML),及使用干净样本和对抗样本来寻找稳健的初始模型参数;最后介绍了 CAML,尤其是模型中如何使用两种不同的参数:一种用于在任务间学习得到,另一种用于具体更新模型参数,来完成对具有任务间最佳泛化性能的参数 θ 的寻优。

7.5 思 考 题

1. 什么是 NTM？
2. MAML 的元更新是如何实现的？为什么 MAML 是与模型无关的？
3. 什么是对抗元学习？对抗元学习有什么特点？
4. 什么是 FGSM？FGSM 是如何构建的？
5. 什么是上下文参数？这种参数有什么作用？

参 考 文 献

[1] Finn C, Abbeel P, Levine S. Model-agnostic meta-learning for fast adaptation of deep networks[C]// International conference on machine learning. PMLR, 2017: 1126-1135.

[2] Sun Q, Liu Y, Chua T S, et al. Meta-transfer learning for few-shot learning[C]//Proceedings of the IEEE/CVF conference on computer vision and pattern recognition, 2019: 403-412.

[3] Wang J X, Kurth-Nelson Z, Tirumala D, et al. Learning to reinforcement learn[EB/OL]. [2023-04-20]. https://arXiv.org/abs/1611.05763.

[4] Yin C, Tang J, Xu Z, et al. Adversarial meta-learning[EB/OL]. [2023-04-20]. https://arXiv.org/abs/1806.03316.

[5] Goodfellow I J, Shlens J, Szegedy C. Explaining and harnessing adversarial examples[EB/OL]. [2023-04-20]. https://arXiv.org/abs/1412.6572.

[6] Huisman M, Van Rijn J N, Plaat A. A survey of deep meta-learning[J]. Artificial Intelligence Review, 2021, 54(6): 4483-4541.

[7] Zintgraf L, Shiarli K, Kurin V, et al. Fast context adaptation via meta-learning[C]//International conference on machine learning. PMLR, 2019: 7693-7702.

[8] 李凡长, 刘洋, 吴鹏翔, 等. 元学习研究综述[J]. 计算机学报, 2021, 44(2): 422-446.

[9] 朱应钊, 李嫚. 元学习研究综述[J]. 电信科学, 2021, 37(1): 22-31.

[10] 许辉. 基于元学习知识重用和泛化能力的算法研究[D]. 成都: 电子科技大学, 2021.

第 8 章　Meta-SGD 和 Reptile

本章内容：

- Meta-SGD。
- Meta-SGD 用于监督学习。
- Meta-SGD 用于强化学习。
- Reptile 基本算法。
- Reptile 用于正弦曲线回归。

8.1　Meta-SGD 简介

Meta-SGD(meta stochastic gradient descent)是一种元学习算法，它可以通过学习如何快速学习来提高模型的学习效率。在 Meta-SGD 中，每个任务被视为一个元学习样本，模型需要在这个样本上快速学习并产生良好的结果。

Meta-SGD 的基本思想，是在训练期间，对于每个任务，模型都使用少量的训练数据进行快速训练，并通过梯度下降来更新模型参数[4-8]。这些参数的更新用于产生一个初始模型，该模型可以用于下一个任务的快速训练。随着模型不断接触到更多的任务，它可以逐渐学习到通用的模式，并在新任务上表现更好。

Meta-SGD 的优点是可以通过少量的数据来快速适应新任务，从而减少训练时间和计算资源的消耗。此外，Meta-SGD 可以提高模型的泛化能力，使其能够更好地适应新的、未见过的数据。

然而，Meta-SGD 也有一些缺点。例如，对于大规模的任务集合，需要处理

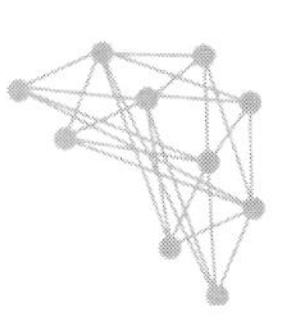

巨大的数据量和参数量，这可能导致过拟合和性能下降。此外，Meta-SGD 还需要仔细调整参数，以确保其能够产生最佳的元学习效果。

Meta-SGD 和 MAML 都是元学习算法，但它们的主要区别如下。

(1) 目标函数不同：Meta-SGD 的目标是通过自适应超参数来最小化测试误差，而 MAML 的目标是通过学习一个通用的初始化参数使模型可以快速适应新任务，并在新任务上表现良好。

(2) 超参数更新方式不同：Meta-SGD 使用当前任务的梯度信息来更新超参数，而 MAML 使用训练集和测试集的梯度信息来更新初始化参数。

(3) 可扩展性不同：Meta-SGD 适用于具有相似输入和输出分布的任务集，而 MAML 则可以应用于更广泛的任务，因为它学习的是通用的初始化参数。

(4) 训练方式不同：Meta-SGD 使用固定的超参数来训练元模型，而 MAML 使用梯度下降来更新初始化参数。因此，MAML 需要更多的计算资源和时间。

总之，Meta-SGD 和 MAML 在元学习的应用方面有所不同，可以根据具体问题的需求选择适当的算法。

8.1.1　Meta-SGD 用于监督学习

首先简单介绍一下 MAML 的训练方式（图 8-1）。以往的梯度下降会以 $\nabla\mathcal{L}_1$ 的方向，进行一次优化，并且基于优化后的结果再次进行第二步的优化。而 MAML 会对一个 batch 内所有的样本都进行一次“试探性”的优化，记录它的方向，然后恢复回优化前的状态。对这些样本的 loss 进行一个综合的判断，再选择一个适合所有任务的方向[1]。需要注意的是，这里 batch 内的每个 sample 都是独立的 task，每个 task 里面才是一个个 sample。

再来看图 8-2 中 Meta-SGD 的两级学习过程。思路非常简单，整个训练方式不变，唯一的改动就是把梯度下降的方式改了。现在假设 θ 是一个模型内所有的参数，原有的梯度下降方式是这样的：

$$\theta_{i+1}=\theta_i-\alpha\nabla\mathcal{L}_i(\theta_i) \tag{8-1}$$

计算出 θ_i 的梯度后，将 θ_i 里面所有的参数乘上 α，这相当于模型内所有的

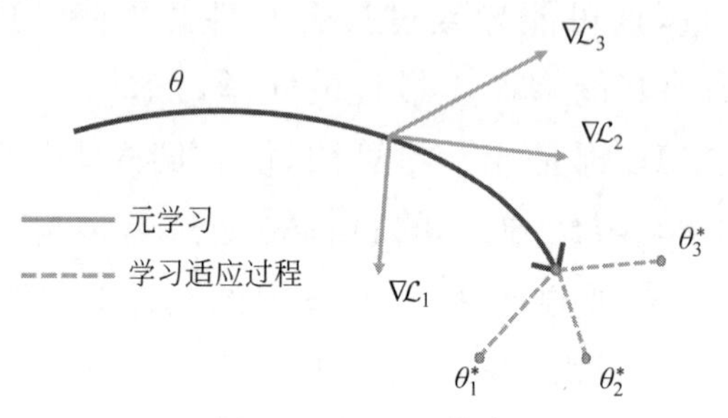

图 8-1　MAML 算法

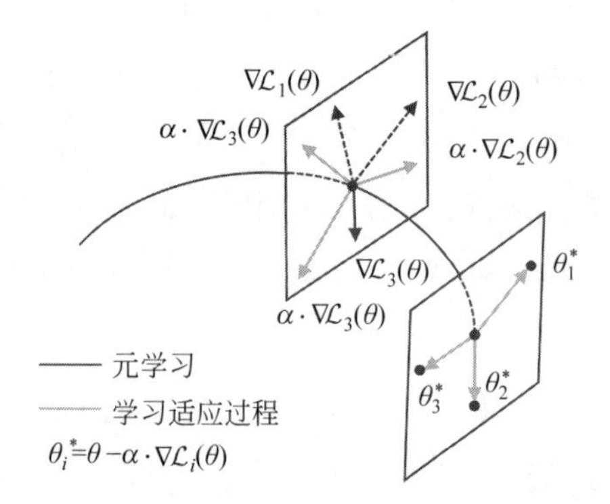

图 8-2　Meta-SGD 的两级学习过程(见文前彩图)

参数都乘上了一个固定的学习率。

而 Meta-SGD 则不一样了,公式如下。

$$\theta_{i+1}^{*}=\theta_i-\alpha \cdot \nabla \mathcal{L}_i(\theta_i) \tag{8-2}$$

它认为,θ 中每个参数都需要不一样的学习率,因此从普通的乘法变成了每个参数上的点乘,改动仅仅只有一小步[2]。既然是点乘,要求 α 的 shape 和 θ 的 shape 一致。而且这个 α 也是可以学习的,把它当成普通的参数,通过梯度下降的方式学习:

$$\alpha_{i+1}=\alpha_i-\beta \cdot \nabla \mathcal{L}_i(\theta_i^{*}) \tag{8-3}$$

并且 θ 综合一步的更新也是通过正常的梯度下降方式学习:

$$\theta_{i+1}=\theta_i-\beta \cdot \nabla \mathcal{L}_i(\theta_i^{*}) \tag{8-4}$$

Meta-SGD 的有监督学习过程具体如下:

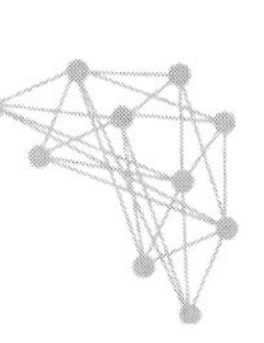

算法：Meta-SGD 的有监督学习

输入：任务分布 $p(\mathcal{J})$，学习速率 β

输出：θ,α

1：初始化 θ,α；

2：**while** not done **do**

3：　　样本批量任务 $\mathcal{J}_i \sim p(\mathcal{J})$；

4：　　**for** all $\mathcal{J}_i$ **do**

5：　　　$\mathcal{L}_{\text{train}(\mathcal{J}_i)}(\boldsymbol{\theta}) \leftarrow \frac{1}{|\text{train}(\mathcal{J}_i)|}\sum_{(\boldsymbol{x},\boldsymbol{y})\in\text{train}(\mathcal{J}_i)} l(f_{\boldsymbol{\theta}}(\boldsymbol{x}),\boldsymbol{y})$；

6：　　　$\boldsymbol{\theta}'_i \leftarrow \boldsymbol{\theta} - \boldsymbol{\alpha} \circ \nabla\mathcal{L}_{\text{train}(\mathcal{J}_i)}(\boldsymbol{\theta})$；

7：　　　$\mathcal{L}_{\text{test}(\mathcal{J}_i)}(\boldsymbol{\theta}'_i) \leftarrow \frac{1}{|\text{test}(T_i)|}\sum_{(\boldsymbol{x},\boldsymbol{y})\in\text{test}(\mathcal{J}_i)} l(f_{\theta'_i}(\boldsymbol{x}),\boldsymbol{y})$；

8：　　**end**

9：　　$(\boldsymbol{\theta},\boldsymbol{\alpha}) \leftarrow (\boldsymbol{\theta},\boldsymbol{\alpha}) - \beta\,\nabla_{(\theta,\alpha)}\sum_{\mathcal{J}_i}\mathcal{L}_{\mathcal{J}_i}(\boldsymbol{\theta}'_i)$；

10：**end**

以下是一个示例代码，演示如何使用 Meta-SGD 训练一个图像分类模型。

```
import tensorflow as tf
from tensorflow.keras import datasets, layers, models
#加载 CIFAR-10 数据集
(train_images, train_labels), (test_images, test_labels) = datasets.cifar10.
load_data()
#将数据集分为多个子集,每个子集对应一个不同的分类任务
task_images = {}
task_labels = {}
for i in range(10):
    task_images[i] = train_images[train_labels.flatten() == i]
    task_labels[i] = train_labels[train_labels.flatten() == i]
#定义元模型,用于预测每个任务的超参数
meta_model = models.Sequential([
    layers.Flatten(),
    layers.Dense(64, activation='relu'),
    layers.Dense(10)
])
```

```
#定义主模型,用于分类任务
main_model = models.Sequential([
    layers.Conv2D(32, (3, 3), activation='relu', input_shape=(32, 32, 3)),
    layers.MaxPooling2D((2, 2)),
    layers.Conv2D(64, (3, 3), activation='relu'),
    layers.MaxPooling2D((2, 2)),
    layers.Conv2D(64, (3, 3), activation='relu'),
    layers.Flatten(),
    layers.Dense(64, activation='relu'),
    layers.Dense(10)
])
#定义损失函数和优化器
loss_fn = tf.keras.losses.SparseCategoricalCrossentropy(from_logits=True)
optimizer = tf.keras.optimizers.Adam()
#训练元模型
meta_optimizer = tf.keras.optimizers.Adam()
for i in range(10):
    task_model = models.clone_model(main_model)
    task_model.compile(optimizer=optimizer, loss=loss_fn, metrics=['accuracy'])
    task_model.fit(task_images[i], task_labels[i], epochs=10, batch_size=32,
verbose=0)
    task_loss, task_acc = task_model.evaluate(task_images[i], task_labels[i],
verbose=0)
    print('Task %d: loss=%.4f, acc=%.4f' % (i, task_loss, task_acc))
    with tf.GradientTape() as tape:
        task_pred = meta_model(tf.expand_dims(task_images[i][0], axis=0))
        meta_loss = loss_fn(task_labels[i][0], task_pred)
    meta_grads = tape.gradient(meta_loss, meta_model.trainable_weights)
    meta_optimizer.apply_gradients(zip(meta_grads, meta_model.trainable_
weights))
#训练主模型
for epoch in range(10):
    for i in range(len(train_images)):
        task_idx = train_labels[i][0]
        with tf.GradientTape() as tape:
            task_pred = main_model(tf.expand_dims(train_images[i], axis=0))
            task_loss = loss_fn(train_labels[i], task_pred)
```

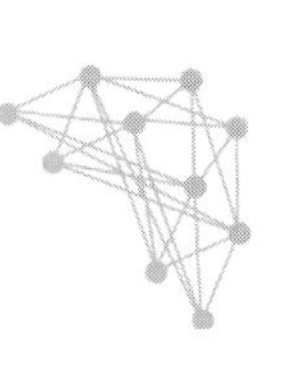

```
        task_grads = tape.gradient(task_loss, main_model.trainable_weights)
        with tf.GradientTape() as meta_tape:
            meta_pred = meta_model(tf.expand_dims(train_images[i], axis=0))
            meta_loss = loss_fn(train_labels[i], meta_pred)
        meta_grads = meta_tape.gradient(meta_loss, meta_model.trainable_weights)
        for j, layer in enumerate(main_model.layers):
            if isinstance(layer, layers.Conv2D) or isinstance(layer, layers.Dense):
                layer_weights = layer.get_weights()
                layer_weights -= tf.squeeze(meta_grads[j]) *
```

以下是一个示例 Meta-SGD 的核心代码,用于在训练主模型时自适应地选择超参数。

```
#定义损失函数和优化器
loss_fn = tf.keras.losses.SparseCategoricalCrossentropy(from_logits=True)
optimizer = tf.keras.optimizers.Adam()
#初始化元模型的权重
meta_model = init_meta_model()
#训练主模型
for epoch in range(num_epochs):
    for i, (inputs, targets) in enumerate(train_dataset):
        with tf.GradientTape() as tape:
            #计算主模型的预测和损失
            predictions = main_model(inputs)
            loss = loss_fn(targets, predictions)
        #计算主模型的梯度
        grads = tape.gradient(loss, main_model.trainable_weights)
        #获取当前任务的超参数预测
        task_params = meta_model(inputs)
        #根据预测的超参数自适应地选择优化器
        if task_params[0] < 0.5:
            optimizer = tf.keras.optimizers.Adam(learning_rate=0.001)
        else:
            optimizer = tf.keras.optimizers.SGD(learning_rate=0.01)
        #使用自适应选择的优化器来更新主模型的权重
        optimizer.apply_gradients(zip(grads, main_model.trainable_weights))
        #使用当前任务的预测来更新元模型的权重
```

```
with tf.GradientTape() as meta_tape:
    task_params = meta_model(inputs)
    meta_loss = tf.reduce_mean(tf.square(task_params - expected_params))
meta_grads = meta_tape.gradient(meta_loss, meta_model.trainable_weights)
meta_optimizer.apply_gradients(zip(meta_grads, meta_model.trainable_
weights))
```

这个示例使用了一个元模型来预测每个任务的超参数,并自适应地选择优化器来更新主模型的权重。在每个批次中,首先计算主模型的预测和损失,并使用反向传播计算主模型的梯度。然后使用元模型来预测当前任务的超参数,并根据预测结果自适应地选择优化器来更新主模型的权重。最后使用当前任务的预测来更新元模型的权重,以便更好地预测超参数。

8.1.2 Meta-SGD 用于强化学习

Meta-SGD 可以用于强化学习中的元强化学习问题[9],其中一个智能体需要在多个任务上学习,每个任务都有不同的环境和奖励函数。与监督学习类似,可以使用 Meta-SGD 来自适应地选择每个任务的超参数,以便更好地预测策略和值函数的参数。

具体而言,可以将每个任务视为一个不同的环境,并为每个任务训练一个元模型,该模型可以预测每个任务所需的超参数。例如,超参数可以包括学习率、折扣因子、策略参数等。

在每个任务上,可以使用元模型来选择超参数,并使用强化学习算法(如 Actor-Critic、Reinforce 等)来学习策略和值函数。在更新策略和值函数参数的过程中,可以使用 Meta-SGD 选择超参数,以便更好地适应当前任务的环境和奖励函数。

在测试阶段,当智能体遇到一个新的任务时,可以使用元模型来预测超参数,并使用已学习的策略和值函数来执行该任务。通过这种方式可以在多个任务上快速适应,并提高智能体的性能和效率。

强化学习中的 Meta-SGD 具体流程如下所示。

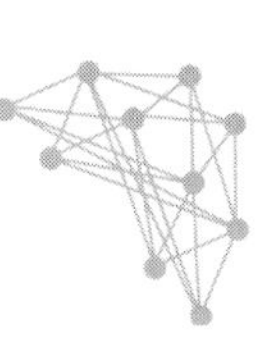

算法：强化学习中的 Meta-SGD

输入：任务分布 $p(\mathcal{J})$，学习速率 β

输出：θ，α

1：初始化 θ，α；
2：**while** not done **do**
3：　　样本批量任务 $\mathcal{J}_i \sim p(\mathcal{J})$；
4：　　**for** all $\mathcal{J}_i$ **do**
5：　　　　样本 N_1 轨迹参数向量 $\boldsymbol{f}_\theta$；
6：　　　　计算梯度 $\nabla\mathcal{L}_{\mathcal{J}_i}(\theta)$；
7：　　　　$\boldsymbol{\theta}'_i \leftarrow \boldsymbol{\theta} - \alpha \nabla\mathcal{L}_{\mathcal{J}_i}\boldsymbol{\theta}$；
8：　　　　样本 N_2 轨迹参数向量 $\boldsymbol{f}_{\theta'_i}$；
9：　　　　计算梯度 $\nabla_{(\theta,\alpha)}\mathcal{L}_{\mathcal{J}_i}(\theta'_i)$；
10：　　**end**
11：　　$(\boldsymbol{\theta},\boldsymbol{\alpha}) \leftarrow (\boldsymbol{\theta},\boldsymbol{\alpha}) - \beta\nabla_{(\boldsymbol{\theta},\boldsymbol{\alpha})}\sum_{\mathcal{J}_i}\mathcal{L}_{\mathcal{J}_i}(\boldsymbol{\theta}'_i)$；
12：**end**

这里提供一个基于 OpenAI Gym 环境和 PyTorch 框架的 Meta-SGD 元强化学习示例代码。该代码实现了在多个 CartPole 环境中学习策略和值函数的参数，并使用 Meta-SGD 来选择超参数。

```
import gym
import torch
import torch.nn.functional as F
from torch import nn, optim
#定义元模型
class MetaModel(nn.Module):
    def __init__(self, input_size, output_size, hidden_size=64):
        super(MetaModel, self).__init__()
        self.fc1 = nn.Linear(input_size, hidden_size)
        self.fc2 = nn.Linear(hidden_size, output_size)
    def forward(self, x):
        x = F.relu(self.fc1(x))
        x = self.fc2(x)
        return x
#定义策略网络
class Policy(nn.Module):
    def __init__(self, input_size, output_size, hidden_size=64):
```

```
        super(Policy, self).__init__()
        self.fc1 = nn.Linear(input_size, hidden_size)
        self.fc2 = nn.Linear(hidden_size, output_size)
    def forward(self, x):
        x = F.relu(self.fc1(x))
        x = F.softmax(self.fc2(x), dim=-1)
        return x
#定义值函数网络
class Value(nn.Module):
    def __init__(self, input_size, hidden_size=64):
        super(Value, self).__init__()
        self.fc1 = nn.Linear(input_size, hidden_size)
        self.fc2 = nn.Linear(hidden_size, 1)
    def forward(self, x):
        x = F.relu(self.fc1(x))
        x = self.fc2(x)
        return x
#定义元学习器
class MetaLearner:
    def __init__(self, input_size, output_size, lr=1e-3):
        self.meta_model = MetaModel(input_size, output_size)
        self.meta_optim = optim.Adam(self.meta_model.parameters(), lr=lr)
    def update(self, tasks):
        #获取每个任务的数据和超参数
        task_data, task_params = zip(*tasks)
        task_data = torch.cat(task_data)
        task_params = torch.cat(task_params)
        #使用元模型预测超参数
        pred_params = self.meta_model(task_data)
        #计算损失并更新元模型参数
        loss = F.mse_loss(pred_params, task_params)
        self.meta_optim.zero_grad()
        loss.backward()
        self.meta_optim.step()
#定义智能体
class Agent:
    def __init__(self, input_size, output_size, hidden_size=64, lr=1e-3):
        self.policy = Policy(input_size, output_size, hidden_size)
```

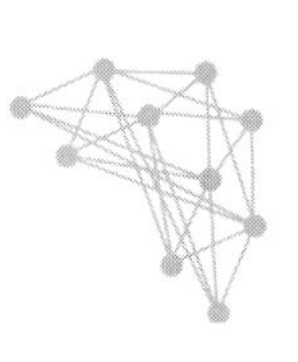

```
        self.value = Value(input_size, hidden_size)
        self.policy_optim = optim.Adam(self.policy.parameters(), lr=lr)
        self.value_optim = optim.Adam(self.value.parameters(), lr=lr)
    def train(self, task_data, task_params):
        #使用元模型预测超参数
        pred_params = meta_learner.meta_model(task_data)
        #更新策略和值函数参数
        for i in range(len(task_data)):
            state, action, reward, next_state, done = task_data[i]
            advantage = reward + gamma * self.value(next_state) * (1-done) -
                        self.value(state)
            log_prob = torch.log(self.policy)
```

8.2 Reptile 简介

Reptile 是一种元学习算法,旨在解决需要训练多个相似但不完全相同的任务时,传统的机器学习算法需要为每个任务单独训练模型的问题。

Reptile 的核心思想是在一组相似的任务上进行训练,并在这些任务上快速适应到新的任务上。它使用一种称为内部循环的方法,在每个任务上迭代多次,然后对模型进行更新,以使其适应新任务。该算法具有较低的计算复杂度,能够有效地处理大规模数据集。

与其他元学习算法类似,Reptile 也包括两个重要的部分:元优化和任务优化。元优化是指在一组相似的任务上训练模型,以便它可以快速适应到新任务上。任务优化是指在新任务上对模型进行优化,以获得最佳性能。

与其他元学习算法不同的是,Reptile 只进行一次元优化,然后在新任务上进行少数次任务优化[3]。这种方法在计算上比其他算法更高效,因为它不需要进行大量的元优化。此外,Reptile 还可以使用任何常规的优化器进行任务优化,因此具有较高的灵活性[10]。

8.2.1 Reptile的基本算法

Reptile 算法的步骤如下。

（1）初始化参数。

（2）开始循环迭代 $i=0,2,\cdots,n$。

（3）采样一个 meta batch，每个 batch 内有多个任务 task。

（4）对于每一个 task，根据迭代次数 k 采样出含 k 个 batch 的 minibatch。

（5）对 minibatch 内的每一个 batch，使用梯度下降法更新初始化参数，得到 $\tilde{\phi}$。

（6）将每个 task 更新后的参数 $\tilde{\phi}$ 与初始参数 ϕ 相减，将这个相减的结果经过某个映射(将这个差值看作某个梯度，加入到某种自适应的算法中)。

（7）回到(2)，继续，直到循环结束。

$$\phi \leftarrow \phi + \varepsilon \frac{1}{n} \sum_{i=1}^{n} (\tilde{\phi}_i - \phi) \tag{8-5}$$

Reptile 的算法过程具体如下：

算法：Reptile

初始化 ϕ，初始参数向量

for 迭代次数=1,2,… **do**

　　样本任务 τ，对应的损失 L_τ 在权重 $\tilde{\phi}$ 上

　　计算 $\tilde{\phi}=U_T^k(\phi)$，使用 SGD 或者 Adam 训练 k 步

　　更新 $\phi \leftarrow \phi+\varepsilon(\tilde{\phi}-\phi)$

end for

以下是一个简单的使用 TensorFlow 实现 Reptile 算法的示例代码。

```
import tensorflow as tf
#定义模型结构
model = tf.keras.Sequential([
  tf.keras.layers.Dense(32, activation='relu', input_shape=(784,)),
  tf.keras.layers.Dense(10)
])
```

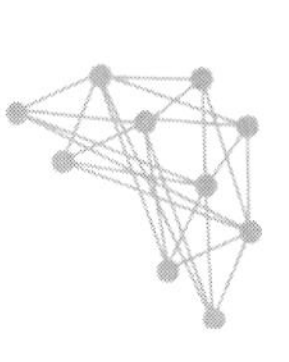

```
#定义损失函数和优化器
loss_fn = tf.keras.losses.SparseCategoricalCrossentropy(from_logits=True)
optimizer = tf.keras.optimizers.SGD(learning_rate=0.5)
#定义任务集合
train_datasets = get_train_datasets()
#定义内部循环更新模型的步数
inner_steps = 10
#定义外部循环更新模型的步数
outer_steps = 1000
#内部循环更新模型
def inner_update(model, dataset):
  for images, labels in dataset:
    with tf.GradientTape() as tape:
      logits = model(images, training=True)
      loss = loss_fn(labels, logits)
    gradients = tape.gradient(loss, model.trainable_weights)
    optimizer.apply_gradients(zip(gradients, model.trainable_weights))
#外部循环更新模型
def outer_update(model, dataset):
  for i in range(inner_steps):
    task_dataset = dataset.sample()
    inner_update(model, task_dataset)
  task_dataset = dataset.sample()
  for images, labels in task_dataset:
    with tf.GradientTape() as tape:
      logits = model(images, training=True)
      loss = loss_fn(labels, logits)
    gradients = tape.gradient(loss, model.trainable_weights)
    optimizer.apply_gradients(zip(gradients, model.trainable_weights))
#训练模型
for i in range(outer_steps):
  outer_update(model, train_datasets)
#在测试集上评估模型
test_dataset = get_test_dataset()
test_accuracy = tf.keras.metrics.SparseCategoricalAccuracy()
for images, labels in test_dataset:
  logits = model(images, training=False)
  test_accuracy(labels, logits)
print('Test accuracy: ', test_accuracy.result().numpy())
```

该代码实现了一个简单的Reptile算法，其中定义了一个包含两个隐藏层的全连接神经网络，并使用SGD优化器进行任务优化。在训练过程中，首先选择一组相似的任务，并在这些任务上进行内部循环来更新模型参数。然后在新任务上进行少数次外部循环，以适应新任务。重复这个过程，直到模型收敛。在测试集上评估模型的性能。

8.2.2 Reptile用于正弦曲线回归

作为一个简单的案例研究，考虑一维正弦波回归问题。假设有一组任务，每个任务的目标是根据给定的输入输出回归后的正弦曲线。

设 y=振幅×sin(x+相位)。Reptile算法的目标是学习对给定 x 的情况下对 y 值进行回归，振幅值(amplitude value)在0.1～5.0内随机选取，相位值(phase value)在0～π范围内随机选取。

将这个问题转化为元学习问题，即在一组不同的正弦曲线中学习一个通用的模型。

具体来说，可以随机生成一组正弦曲线，每个曲线由一个随机的振幅和相位决定。然后可以使用Reptile算法训练一个通用的模型，该模型可以在这些曲线上回归。

在每次迭代中，随机选择一组曲线作为训练集，然后在这些曲线上训练模型。更新模型参数之前，计算模型在另外一组曲线上的损失，然后根据这个损失来更新模型的参数。这个过程可以重复多次，直到模型收敛。

由于Reptile算法可以快速适应新的任务，因此可以更快地学习一个通用的模型来回归正弦曲线。

下面是使用Reptile算法进行正弦曲线回归的示例代码。

```
import torch
import math
#定义模型
class SinModel(torch.nn.Module):
    def __init__(self):
        super(SinModel, self).__init__()
        self.layer = torch.nn.Linear(1, 1)
```

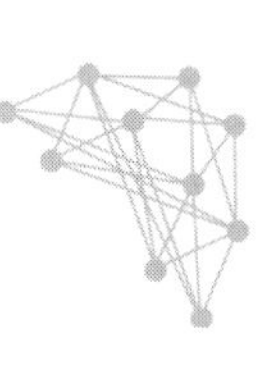

```
    def forward(self, x):
        return torch.sin(self.layer(x))
#定义损失函数
def loss_fn(pred, y):
    return torch.mean((pred - y) ** 2)
#定义 Reptile 算法
def reptile(model, x, y, num_tasks, num_steps, lr_inner, lr_outer):
    #复制模型参数
    model_copy = SinModel()
    model_copy.load_state_dict(model.state_dict())
    optimizer = torch.optim.Adam(model_copy.parameters(), lr=lr_inner)
    #随机生成一组正弦曲线
    tasks = []
    for i in range(num_tasks):
        amplitude = torch.randn(1)
        phase = torch.randn(1)
        tasks.append((amplitude, phase))
    #在任务集合上循环
    for step in range(num_steps):
        for task in tasks:
            #在任务上采样训练数据
            amplitude, phase = task
            x_train = torch.linspace(-math.pi, math.pi, 100)
            y_train = amplitude * torch.sin(x_train + phase)
            #在模型上训练并计算损失
            for i in range(10):
                pred = model_copy(x_train.unsqueeze(1))
                loss = loss_fn(pred, y_train.unsqueeze(1))
                optimizer.zero_grad()
                loss.backward()
                optimizer.step()
            #使用当前任务的损失更新模型参数
            model_params = model.state_dict()
            copy_params = model_copy.state_dict()
            for key in model_params.keys():
                copy_params[key] = model_params[key] - lr_outer * (model_params
                [key] - copy_params[key])
```

```
            model_copy.load_state_dict(copy_params)
        #返回更新后的模型参数
        return model_copy.state_dict()
#在正弦曲线回归问题上进行测试
model = SinModel()
lr_inner = 0.1
lr_outer = 0.01
num_tasks = 10
num_steps = 1000
#训练模型并输出损失
for step in range(100):
    model_params = reptile(model, None, None, num_tasks, num_steps,
    lr_inner, lr_outer)
    model.load_state_dict(model_params)
    x_test = torch.linspace(-math.pi, math.pi, 100)
    y_test = torch.sin(x_test)
    pred = model(x_test.unsqueeze(1))
    loss = loss_fn(pred, y_test.unsqueeze(1))
    print("Step {}: Loss = {}".format(step, loss.item()))
```

以上示例代码首先定义了一个SinModel类来实现正弦曲线回归的模型。然后定义了一个reptile函数来实现Reptile算法。在函数中首先复制了模型参数,并随机生成了一组正弦曲线。然后在任务集合上循环,每次选择一个任务,并在任务上采样训练数据。在每个任务上使用Adam优化器和均方误差损失函数训练,并计算出梯度。然后使用当前任务的梯度来更新复制的模型参数,以及计算当前任务的损失。在所有任务上训练完毕后,使用Reptile的更新规则来更新模型参数,并重复执行该过程,直到收敛。

8.3 小　结

以上是对Meta-SGD与Reptile的简单介绍,两种算法都是非常优秀的元学习改进算法。但它们也都有一些缺陷和局限性。

Meta-SGD的缺陷和局限性如下。

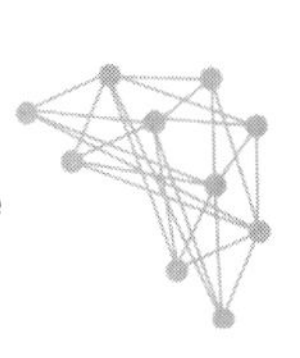

（1）对超参数的选择敏感。Meta-SGD 依赖于元模型预测的超参数来更新主模型的权重，因此对于选择的超参数非常敏感。

（2）训练数据集的限制。Meta-SGD 通常需要使用大量的训练数据集来训练元模型，因为它需要在不同的任务上学习并预测超参数。

（3）可能出现过拟合。如果训练数据集中存在一些任务的分布与测试数据集不同，那么元模型可能会出现过拟合的情况，从而导致在测试数据集上的表现不佳。

Reptile 的缺陷和局限性如下。

（1）需要手动选择任务集。Reptile 需要手动选择一个任务集，并在任务集上训练模型。如果任务集的选择不合适，可能会导致模型在新任务上的表现不佳。

（2）对任务采样的依赖。Reptile 需要对每个任务采样训练数据来更新模型的权重，如果采样不足或采样过程中存在偏差，可能会影响模型的表现。

（3）不适用于大规模任务集。由于 Reptile 的更新过程需要在任务集上循环，因此在大规模任务集上会非常耗时和资源密集。

需要注意的是，这些缺陷和局限性并不意味着 Meta-SGD 和 Reptile 是不好的算法，它们仍然是目前非常流行和有效的元学习算法之一。然而，使用这些算法时，需要考虑它们的缺陷和局限性，谨慎使用，以确保其在实际应用中的表现和效果。

8.4　思　考　题

1. 简述什么是 Meta-SGD 算法。
2. 简述 Reptile 的算法流程。
3. 简述 Reptile 和 MAML 的区别及 Reptile 的优势。
4. 思考 Meta-SGD 和 Reptile 各自的应用场景。
5. 思考 Reptile 可能存在的缺陷，提出一个你自己认为可以的优化方向。

参考文献

[1] Finn C, Abbeel P, Levine S. Model-agnostic meta-learning for fast adaptation of deep networks[C]// International conference on machine learning. PMLR, 2017: 1126-1135.

[2] Li Z, Zhou F, Chen F, et al. Meta-sgd: Learning to learn quickly for few-shot learning[DB/OL]. (2017-07-31)[2023-05-01]. http://arXiv.org/abs/1707.09835.

[3] Nichol A, Achiam J, Schulman J. On first-order meta-learning algorithms[DB/OL]. arXiv preprint arXiv:1803.02999, 2018.

[4] Andrychowicz M, Denil M, Gomez S, et al. Learning to learn by gradient descent by gradient descent [J]. Advances in neural information processing systems, 2016(29): 3988-3996.

[5] Vinyals O, Blundell C, Lillicrap T, et al. Matching networks for one shot learning[DB/OL]. (2017-12-29)[2023-05-01]. http://arXiv.org/abs/1606.04080.

[6] Snell J, Swersky K, Zemel R. Prototypical networks for few-shot learning[J]. Advances in neural information processing systems, 2017(30): 4077-4087.

[7] 蔺海峰, 马宇峰, 宋涛. 基于 SIFT 特征目标跟踪算法研究[J]. 自动化学报, 2010, 36(8): 1204-1208.

[8] 庞伊琼, 许华, 蒋磊, 等. 基于元学习的小样本调制识别算法[J]. 空军工程大学学报, 2022, 23(5): 77-82.

[9] 赵春宇, 赖俊. 元强化学习综述[J]. 计算机应用研究, 2023, 40(1): 10.

[10] Edwards H, Storkey A. Towards a neural statistician[DB/OL]. (2016-06-17)[2023-05-01]. http://arXiv.org/abs/1606.02185.

第9章 新进展与未来方向

前面的章节讲解了元学习与深度学习的基本概念；介绍了一些单样本学习算法，如孪生网络、原型网络、关系网络、匹配网络与记忆增强神经网络；同时介绍了几种常见的元学习经典算法，如 MAML、Meta-SGD 和 Reptile。本章将继续深入研究元学习的一些新进展。介绍如何将元学习与模仿学习系统(imitation learning system)相结合，以及如何使用任务无关元学习(task-agnostic meta-learning，TAML)减少任务学习时的偏差(bias)对元学习准确率的影响；探索如何将元学习算法应用到无监督学习场景中，以自动构建任务集合；最后还将介绍基于课题组自主研发的两种基于样本抽样和任务难度自适应(sample sampling and task difficulty adaptation)的深度元学习理论。

本章内容：

- 元模仿学习。
- 任务无关元学习。
- 无监督元学习。
- 样本抽样自适应元学习。
- 任务难度自适应元学习。

9.1 元模仿学习

模仿学习[1]，顾名思义就是机器人通过模仿示教动作(demonstration)从而学会完成某项任务的过程，这里包含几个重要的概念：状态、动作、示教动作和策略(表现为神经网络的参数 θ),模仿学习即利用神经网络模型,根据当前的状态,示教动作和学习策略得到要执行的动作。

通常机器人需要观察大量的示教动作,进行长时间的反复训练才能掌握某项新动作。因此,我们将用先验知识作为示教动作(训练数据)来增强机器人,这样它就不必完全从头开始学习。增加机器人先验知识有助于其快速学习。所以,为了学习新的技能,需要为每种技能收集示教动作,也就是说,需要用归属与特定任务的示教动作来增强机器人。通俗地讲,就是教机器人学会如何从示教动作中学习知识并完成指定任务,也就是一个元模仿学习的过程。为此,将元学习与模仿学习相结合,形成了元模仿学习[2](meta imitation learning,MIL)。使用元模仿学习,训练时同时输入一个示教动作和从另一个示教动作采样得到的状态信息,输出的是与状态对应的预测动作。而在测试时,只需要观察一次新任务的完整示教动作,该模型就能在这个新任务的其他实例中取得较好的表现。

在模仿学习中,示例机器人的整个轨迹 τ 的定义是 $\tau=[o_1,a_1,\cdots,o_t,a_t,\cdots,o_H,a_H]$,其中 o_t 是 t 时刻示例机器人状态的观测值(observation),a_t 是 t 时刻示例机器人的行动(action),H 是所有时刻的总数。这里,示例机器人的轨迹包括示例机器人的所有状态和行动,机器人会从示例中提取出 τ 的所有信息,然后使用这些信息进行模仿学习,快速学会新动作。

模仿学习的任务 T_i 的定义是 $T_i=[\tau\sim\pi_i^*,L(a_1,\cdots,a_t,\cdots,a_H,\hat{a}_1,\cdots,\hat{a}_t,\cdots,\hat{a}_H),H]$,其中,$H$ 是所有时刻的总数,t 是观测到的示例机器人的轨迹。π_i^* 是机器人需要模仿的行动策略,行动策略指的是机器人观测到自身的状态,然后决定采取怎样的行动。a_t 是 t 时刻示例机器人的行动。$\hat{a}_t$ 是 t 时刻机器人的最优行动估计值。L 是模仿任务的损失函数,指的是观测到的行动 a_t 和机器人最优行动估计值$\hat{a}_t$ 之间的距离,最小化损失函数可使机器人选择的行动和观测到的行动一致。在元模仿学习中,基础学习器的任务训练集损失函数为:

$$L_i(f_\theta)=\sum_{\tau^{(j)}\sim T_i}\sum_{t=1}^{H}\|f_\theta(o_t)^{(j)}-a_t^{(j)}\|_2^2 \tag{9-1}$$

MIL 的原理如下。

(1) 假设有一个受参数 θ 影响的模型 f 以及任务的分布 $p(T)$,随机初始化

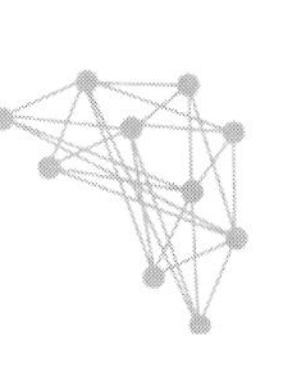

模型参数 θ。

(2) 首先从任务的分布中抽取一批任务 T_i,即 $T_i \sim p(T)$。

(3) 在内循环中对于被抽样任务中的每个任务抽取演示数据 $\tau=[o_1, a_1, \cdots, o_H, a_H]$,计算损失并利用梯度下降最小化损失,得到最优参数

$$\theta'_i=\theta-\alpha\nabla_\theta L_i(f_\theta) \tag{9-2}$$

(4) 在外循环中再抽取一份演示数据 $\tau'=[o'_1, a'_1, \cdots, o'_H, a'_H]$执行元优化,最终的参数更新为:

$$\theta=\theta-\beta\nabla_\theta\sum_{T_i\sim p(T)} L_i(f_{\theta'_i}) \tag{9-3}$$

MIL 的核心代码如下。

首先,导入必要的库。

```
import torch
import torch.nn as nn
import torch.optim as optim
import numpy as np
import random
```

接下来定义模型的架构。在这个示例中,使用一个简单的前馈神经网络。

```
class PolicyNetwork(nn.Module):
    def __init__(self):
        super(PolicyNetwork, self).__init__()
        self.fc1 = nn.Linear(4, 64)
        self.fc2 = nn.Linear(64, 64)
        self.fc3 = nn.Linear(64, 1)

    def forward(self, x):
        x = torch.relu(self.fc1(x))
        x = torch.relu(self.fc2(x))
        x = torch.sigmoid(self.fc3(x))
        return x
```

然后定义元模仿学习的训练过程。在每个训练迭代中,首先从大量的演示中随机选择一些演示,然后将这些演示输入到策略网络中,获取网络的输出。接着计算策略网络的损失,使用梯度下降法更新策略网络的权重。

```
def meta_imitation_learning(demos, policy_network, optimizer, num_iterations=
100, batch_size=32, lr=0.001):
    criterion = nn.BCELoss()
    for i in range(num_iterations):
        #随机采样一批演示数据
        batch_demos = random.sample(demos, batch_size)
        #为策略网络创建输入和标签
        inputs = torch.tensor([demo['state'] for demo in batch_demos],
            dtype=torch.float32)
        labels = torch.tensor([demo['action'] for demo in batch_demos],
            dtype=torch.float32)
        #计算损失和梯度
        logits = policy_network(inputs)
        loss = criterion(logits, labels)
        optimizer.zero_grad()
        loss.backward()
        optimizer.step()
```

最后可以使用这个函数来训练模型。需要提供大量的演示,并且为策略网络选择一个优化器。

```
#生成一些演示数据
demos = [{'state': np.random.randn(4), 'action': np.random.randn()} for i in
range(1000)]
#创建策略网络
policy_network = PolicyNetwork()
#创建一个优化器
optimizer = optim.Adam(policy_network.parameters(), lr=lr)
#使用元模仿学习训练策略网络
meta_imitation_learning(demos, policy_network, optimizer, num_iterations=
1000, batch_size=32, lr=0.001)
```

9.2 任务无关元学习

通常,元学习可以被在多个任务(task)上训练,以期望能够泛化到一个新的task。然而,当在现有的task上过度地学习(过拟合),在新的task上的泛化能

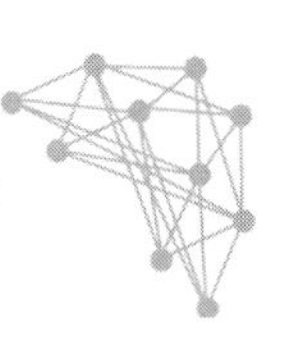

力会变差。换句话说，初始的元学习模型在现有的 task 上会学习到有偏的知识，特别是样本数量非常少的情况下。特别是样本数量非常少的情况下，元学习模型会学习到有更多偏信息。

为了克服有偏信息带来的元学习困难，我们期待模型在某些任务上无偏或过度执行[3]，即使得模型与任务无关，来防止任务偏差，并获得更好的泛化效果[4-5]。这称为任务无关元学习，下面介绍两种任务无关元学习算法。

(1) 熵最大化(entropy maximization)/熵约简(Entropy Reduction)。

(2) 不平等最小化(inequality minimization)。

9.2.1　熵最大化/熵约简

通常认为，熵是对随机性的一种度量标准，熵值越大，系统的随机性越大，反之越小。本节将介绍如何通过熵的方法来避免元学习模型学到有偏信息：最大化元学习模型在训练之前的任务之间的熵，最小化元学习模型训练之后任务之间的熵。具体来说就是为了防止初始模型在任务上表现过度，使它不会偏向某个任务，因此初始模型应具有较大的熵，更新参数后，每个任务的不确定性减小，所以期望最小化每个任务的熵。

任务 T_i 的熵表示为：

$$H_{T_i}(f_\theta) = -\mathbb{E}_{x_i} \sim P_{T_i}(x) \sum_{n=1}^{N} \hat{y}_i \cdot n\log(\hat{y}_i, n) \tag{9-4}$$

y 为 f_θ 预测得到，N 表示预测标签类别数。更新初始模型之前，模型参数对于每个任务是一样的，所以 $H_{T_i}(f_\theta)$是均匀的。更新参数 θ 到θ_i 后，每个任务的不确定性减小，所以期望最大化每个任务 T_i 的熵减 $H_{T_i}(f_\theta) - H_{T_i}(f_{\theta_i})$。最终的目标函数如下：

$$\min_{\theta} \mathbb{E}_{T_i \sim P(T)} L_{T_i}(f_{\theta_i}) + \lambda[-H_{T_i}(f_\theta) + H_{T_i}(f_{\theta_i})] \tag{9-5}$$

其中，λ 是这两项之间的平衡系数。

熵 TAML 的原理如下。

(1) 假设有一个受参数 θ 影响的模型 f 以及任务分布 $P(T)$，随机初始化模型参数 θ。

(2) 从任务的分布中抽取一批任务 T_i，即 $T_i \sim P(T)$。例如，抽取了4个任务，$T=\{T_1,T_2,T_3,T_4\}$。

(3) 在内循环中对于任务 T 中的每个任务 T_i 抽取 k 个数据点，并准备支持集与查询集 $D_{\text{support}}=\{(x_1,y_1),(x_2,y_2),\cdots,(x_k,y_k)\}$，$D_{\text{query}}=\{(x'_1,y'_1),(x'_2,y'_2),\cdots,(x'_k,y'_k)\}$。然后在 D_{support} 上计算损失，利用梯度下降最小化损失，得到最优参数：

$$\theta'_i=\theta-\alpha\nabla_\theta L_{T_i} \tag{9-6}$$

(4) 在外循环中执行元优化。加入熵后，通过计算相对于最优参数 θ'_i 的梯度来最小化 D_{query} 上的损失。因此，最终的参数更新为：

$$\theta=\theta-\beta\nabla_\theta\{\mathbb{E}_{T_i\sim P(T)}L_{T_i}(f_{\theta'_i})+\lambda[-H_{T_i}(f_\theta)+H_{T_i}(f_{\theta_i})]\} \tag{9-7}$$

熵 TAML 的核心代码如下。

首先定义一个简单的全连接神经网络，并使用 ReLU 激活函数。

```
import torch
import torch.nn.functional as F
from torch.utils.data import DataLoader
class TAMLModel(torch.nn.Module):
    def __init__(self, input_dim, hidden_dim, output_dim):
        super(TAMLModel, self).__init__()
        self.fc1 = torch.nn.Linear(input_dim, hidden_dim)
        self.fc2 = torch.nn.Linear(hidden_dim, output_dim)
    def forward(self, x):
        x = F.relu(self.fc1(x))
        x = self.fc2(x)
        return xtask_entropy = entropy(task_prob)
```

然后定义熵 TAML 模型的损失函数，包括交叉熵和熵。

```
def taml_loss(output, target, logits):
    ce_loss = F.cross_entropy(logits, target)
entropy = -torch.mean(torch.sum(F.softmax(logits, dim=-1) * F.log_softmax
(logits, dim=-1), dim=-1))
    return ce_loss + entropy
```

接着再定义一个训练过程，并在其中实现熵 TAML 算法。

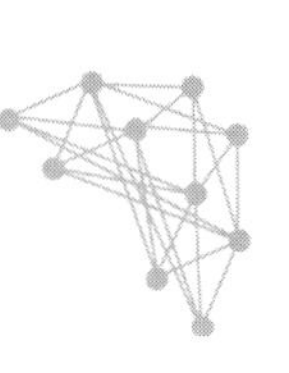

```
def taml_train(model, optimizer, data_loader):
    model.train()
    for i, (inputs, targets) in enumerate(data_loader):
        optimizer.zero_grad()
        logits = model(inputs)
        loss = taml_loss(logits=logits, target=targets)
        loss.backward()
        optimizer.step()
input_dim = 10
hidden_dim = 64
output_dim = 2
learning_rate = 0.001
batch_size = 32
num_epochs = 10
train_data = [(torch.randn(input_dim), torch.randint(0, output_dim, size=
(1,)).item()) for _ in range(1000)]
train_loader = DataLoader(train_data, batch_size=batch_size, shuffle=True)
model = TAMLModel(input_dim, hidden_dim, output_dim)
optimizer = torch.optim.Adam(model.parameters(), lr=learning_rate)
for epoch in range(num_epochs):
    taml_train(model, optimizer, train_loader)
```

9.2.2　不平等最小化

经济学中有许多不平等度量，可以用来衡量收入或财富的分配不平等性，如基尼系数、阿特金森指数、泰尔指数等。在元学习中，可以使用这些不平等度量来衡量任务之间的差异。因此，可以通过使所有抽样任务损失的不平等最小化来使得该模型在任务上的偏差不平等最小化，即不平等最小化 TAML。与熵 TAML 方法不同的是，不平等最小化 TAML 可以应用于分类、回归和强化学习等各种任务类型。本节学习不平等最小化 TAML，在这种方法中，试图使损失不平等最小化。

1. 不平等度量

可以使用一些常用的不平等度量来衡量任务任务 T_i 中的损失，其中定义损失为 l_i，定义抽样任务的平均损失为$\bar{l}$，定义单批任务中的任务数量为 M。

（1）基尼系数(gini-coefficient)。

基尼系数是一种用于衡量不平等分配的指标。其计算方法基于洛伦茨曲线,将变量的累积分布与理论上完全平等的分布进行比较,得出一个不平等程度的度量。洛伦茨曲线是一种累积频率曲线(cumulative frequency curve),通过将洛伦茨曲线与对角线(代表完全平等的情况)进行比较,可以得出不平等程度的度量。基尼系数的取值范围为[0,1],其中0表示完全平等,1表示完全不平等。它的计算方法是相对的绝对平均差(relative absolute mean difference)的一半。

在元学习中,基尼系数的计算如下:

$$G=\frac{\sum_{i=1}^{M}\sum_{j=1}^{M}|l_i-l_j|}{2n\sum_{i=1}^{M}l_i} \tag{9-8}$$

(2) 阿特金森指数(Atkinson index)。

这是另一种用于衡量收入不平等的指标,有助于确定哪一端对观察到的不平等贡献最大。在元学习中,阿特金森指数的计算如下:

$$A_\varepsilon=\begin{cases}1-\dfrac{1}{\mu}\left(\dfrac{1}{M}\sum_{i=1}^{M}l_i^{1-\varepsilon}\right)^{\frac{1}{1-\varepsilon}}, & 0\leqslant\varepsilon\neq1\\[2ex] 1-\dfrac{1}{\bar{l}}\left(\dfrac{1}{M}\prod_{i=1}^{M}l_i\right)^{\frac{1}{M}}, & \varepsilon=1\end{cases} \tag{9-9}$$

其中ε被称为"不等式厌恶参数"。A_ε的值越接近1,说明不平等程度越高。

(3) 泰尔指数(Theil index)。

泰尔指数是另一种被广泛使用的不平等度量,它被称为广义熵度量(generalized entropy measures)。泰尔指数被定义为最大熵(maximum entropy)与观测熵(observed entropy)之差。最大熵是指在给定约束条件下,熵达到最大的概率分布。观测熵则是指实际观测到的概率分布的熵。因此,泰尔指数可以看作是观测熵与最大熵之间的差异,用于衡量实际观测到的概率分布与最大熵之间的不平等程度。泰尔指数越大,表示不平等程度越高。

在元学习中,泰尔指数的计算公式如下:

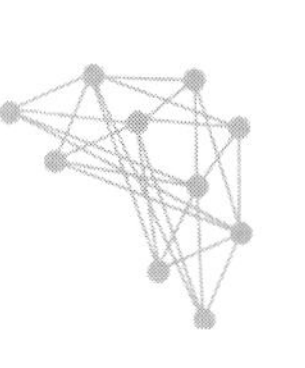

$$T=\frac{1}{M}\sum_{i=1}^{M}\frac{l_i}{\bar{l}}\ln\frac{l_i}{\bar{l}} \tag{9-10}$$

可以使用上述的基尼指数、阿特金森指数以及泰尔指数等不平等度量来计算任务偏差，通过这些方法，可以将不平等度量加入到元优化过程中来最小化偏差。所以元学习参数更新过程可以改为如下公式：

$$\theta-\beta\nabla_\theta[\mathbb{E}_{T_i\sim P(T)}L_{T_i}(f_{\theta_i'})+\lambda I(L_{T_i}(f_{\theta_i'}))] \tag{9-11}$$

其中，$I(L_{T_i}(f_{\theta_i'})$代表不平等度量，λ 是平衡系数。

2. 算法

不平等最小化 TAML 的原理如下。

（1）假设有一个受参数 θ 影响的模型 f 以及任务分布 $P(T)$，随机初始化模型参数 θ。

（2）从任务的分布中抽取一批任务 T_i，即 $T_i\sim P(T)$。例如，抽取了 4 个任务，$T=\{T_1,T_2,T_3,T_4\}$。

（3）在内循环中，对于任务 T 中的每个任务 T_i 抽取 k 个数据点，并准备支持集与查询集 $D_{\text{support}}=\{(x_1,y_1),(x_2,y_2),\cdots,(x_k,y_k)\}$，$D_{\text{query}}=\{(x_1',y_1'),(x_2',y_2'),\cdots,(x_k',y_k')\}$。然后在 D_{support}上计算损失，利用梯度下降最小化损失，得到最优参数：

$$\theta_i'=\theta-\alpha\nabla_\theta L_{T_i} \tag{9-12}$$

（4）在外循环中执行元优化。加入不平等度量后，通过计算相对于最优参数 θ_i'的梯度来最小化D_{query}上的损失。因此，最终的参数更新为：

$$\theta=\theta-\beta\nabla_\theta[\mathbb{E}_{T_i\sim P(T)}L_{T_i}(f_{\theta_i'})+\lambda I(L_{T_i}(f_{\theta_i'}))] \tag{9-13}$$

不平等最小化 TAML 的核心代码如下。

与熵 TAML 一样，首先定义一个简单的全连接神经网络，并使用 ReLU 激活函数。

```
import torch
import torch.nn.functional as F
from torch.utils.data import DataLoader
class TAMLModel(torch.nn.Module):
    def __init__(self, input_dim, hidden_dim, output_dim):
```

```
        super(TAMLModel, self).__init__()
        self.fc1 = torch.nn.Linear(input_dim, hidden_dim)
        self.fc2 = torch.nn.Linear(hidden_dim, output_dim)
    def forward(self, x):
        x = F.relu(self.fc1(x))
        x = self.fc2(x)
        return xtask_entropy = entropy(task_prob)
```

然后定义不平等最小化 TAML 模型的损失函数,包括交叉熵和熵。

```
def taml_loss(output, target, logits, num_classes):
    ce_loss = F.cross_entropy(logits, target)
    bg_weight = torch.ones(num_classes)
    bg_weight[target] = 0.1
    bg_weight = bg_weight.to(output.device)
    ub_loss = F.cross_entropy(logits, target, weight=bg_weight)
    return ce_loss + ub_loss
```

接着再定义一个训练过程,并在其中实现不平等最小化 TAML 算法。

```
def taml_train(model, optimizer, data_loader):
    model.train()
    for i, (inputs, targets) in enumerate(data_loader):
        optimizer.zero_grad()
        logits = model(inputs)
        loss = taml_loss(logits=logits, target=targets)
        loss.backward()
        optimizer.step()
input_dim = 10
hidden_dim = 64
output_dim = 2
learning_rate = 0.001
batch_size = 32
num_epochs = 10
train_data = [(torch.randn(input_dim), torch.randint(0, output_dim, size=
(1,)).item())
for _ in range(1000)]
train_loader = DataLoader(train_data, batch_size=batch_size, shuffle=True)
model = TAMLModel(input_dim, hidden_dim, output_dim)
optimizer = torch.optim.Adam(model.parameters(), lr=learning_rate)
for epoch in range(num_epochs):
    taml_train(model, optimizer, train_loader)
```

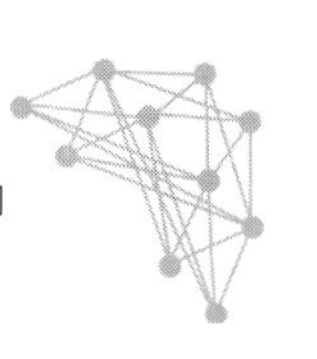

9.3　无监督元学习

无监督学习是机器学习中的一种重要方法，它可以从未标记的数据中自动地学习出有用的特征和，而不需要任何标注信息。与有监督学习相比，无监督学习更加灵活，可以处理更加复杂的数据分布和结构，并且可以避免标注数据的不足和成本高昂的问题。因此，它在大规模数据处理和机器学习领域中具有很大的潜力。在许多实际问题中，无监督学习已经足够，不需要有监督学习。无监督元学习[6-7]，是指样本量少并且在没有标签数据的情况下使用元学习框架来训练一个深度学习模型，使其能够在小样本上快速适应新的任务。这种方法可以解决在真实场景中遇到的数据不充足和标注成本高的问题，从而提高模型的泛化能力和实用性。接下来讲解一种无监督元学习算法——聚类自动生成用于无监督模型无关元学习的任务[8]（clustering to automatically construct tasks for unsuperviseds meta-learning，CACTUs）。

CACTUs算法的无监督聚类方法的原理如下。

（1）聚类结果记为 $P=\{C_1,C_2,\cdots,C_n\}$，其中 C_i 是第 i 类样本点的集合。每个类别的中心点记为 $c_1,c_2,\cdots,c_n$，其中 c_i 是第 i 类样本点的中心点。

（2）使用特征提取模型提取高维输入数据的特征。特征提取模型记为：

$$z=f_{\varphi}(x) \tag{9-14}$$

其中，x 是高维输入数据，z 是输入数据的特征，f_{φ} 是特征提取模型，φ 是特征提取模型的可训练参数。

（3）用无监督聚类方法对输入数据的特征进行聚类。估计聚类的计算公式如下：

$$P,\{c_k\}_{k=1}^{n}=\underset{\{c_k\}_{k=1}^{n},\{c_k\}_{k=1}^{n}}{\operatorname{argmin}}\sum_{k=1}^{n}\sum_{z\in c_k}\|z-c_k\|_A^2 \tag{9-15}$$

其中，范数的定义是 $\|a\|_A^2=a^TAa$，n 是所有类别的总数。在无监督聚类模型中，类别的总数 n 是已知的，或者类别的总数是使得目标函数最小化的类别总数。目标函数是输入数据的特征到数据中心点之间的范数距离，对所有样本点

计算这个距离，将这些距离求和，最后最小化这些距离，使得样本点到最近中心点的距离最小，特征相似度高的样本点聚为一类。

CACTUs 的核心代码如下。

首先定义一个简单的全连接神经网络。

```
import numpy as np
import torch
import torch.nn as nn
import torch.optim as optim
from sklearn.cluster import KMeans
class ClusterMetaLearner(nn.Module):
    def __init__(self, input_dim, hidden_dim, output_dim):
        super(ClusterMetaLearner, self).__init__()
        self.fc1 = nn.Linear(input_dim, hidden_dim)
        self.fc2 = nn.Linear(hidden_dim, output_dim)
    def forward(self, x):
        x = self.fc1(x)
        x = nn.functional.relu(x)
        x = self.fc2(x)
        return x
```

然后使用 k-means 聚类算法对数据进行聚类，得到各个样本所属的簇标签。

```
def cluster(data, k):
    kmeans = KMeans(n_clusters=k, random_state=0).fit(data)
    #使用 k-means 聚类算法对数据进行聚类，得到各个样本所属的簇标签
    return kmeans.labels
```

接着再定义一个训练过程，并在其中实现 CACTUs 算法。

```
def unsupervised_meta_train(model, optimizer, data, num_clusters):
    model.train()
    clusters = cluster(data, num_clusters)
    for i in range(num_clusters):
        optimizer.zero_grad()
        cluster_data = data[clusters == i]
        inputs = torch.tensor(cluster_data[:, :-1], dtype=torch.float32)
        targets = torch.tensor(cluster_data[:, -1], dtype=torch.long)
        logits = model(inputs)
```

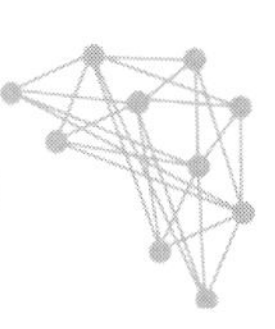

```
            loss = nn.functional.cross_entropy(logits, targets)
            loss.backward()
            optimizer.step()
    input_dim = 10
    hidden_dim = 64
    output_dim = 2
    learning_rate = 0.001
    batch_size = 32
    num_clusters = 5
    num_epochs = 10
    train_data = np.random.randn(1000, input_dim + 1)
    train_loader = DataLoader(train_data, batch_size=batch_size, shuffle=True)
    model = ClusterMetaLearner(input_dim, hidden_dim, output_dim)
    optimizer = optim.Adam(model.parameters(), lr=learning_rate)
    for epoch in range(num_epochs):
        unsupervised_meta_train(model, optimizer, train_data, num_clusters)
```

9.4　样本抽样自适应元学习

现有的大部分元学习算法的问题之一是在假设任务同等重要的情况下，以均匀的概率随机抽取元训练任务。对于元学习器来说，随机抽样的任务可能是次优的，且无法提供信息。一个基于图像的猫和狗的分类任务，由于任务过于简单，随机类间样本抽样可能影响不大。但元学习算法面临的任务种类更繁多、形式更复杂，随机从类间抽样任务，会忽略任务间的内在关联关系[9-10]。这与人类智能形成的过程大不相同，人类学习新概念的过程是一个由易到难的过程。为了改善这一情况，介绍一种新的算法——样本抽样自适应元学习（sample sampling adaptive meta-learning，SSA），算法流程如图 9-1 所示。通过对当前训练周期的不同样本类别进行特征提取，并将特征向量利用聚类算法进行聚类，在不同的训练周期，可以根据当前元学习器的学习状态自适应生成不同的聚类任务池。在当前训练周期，因为同一任务池任务特征相似，元学习器区分同一任务池下的任务较为困难，从不同任务池采样过渡到同一任务池采样，随着元学习器学习能力的提高，依次增加任务难度，从而提高模型的分类精度以及泛化能力。

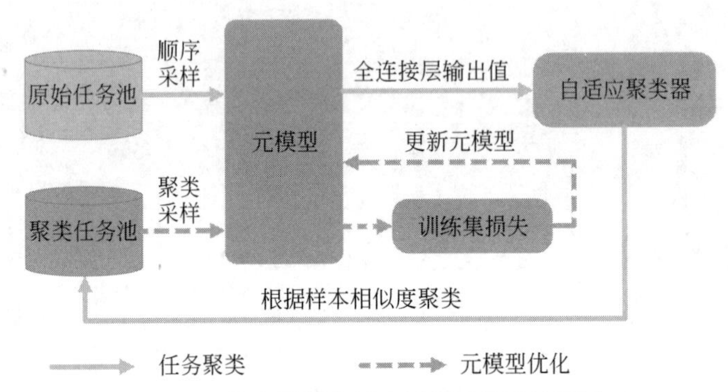

图 9-1　样本抽样自适应元学习算法流程图

SSA 的原理如下所述。

(1) 假设有一个任务的分布 $P(T)$。

(2) 对原始任务池遍历采样，通过元模型提取特征，利用聚类算法构建新的聚类任务池 $\{P(T_1), P(T_2), \cdots, P(T_k)\} \in P(T)$，其中 k 为聚类中心值。

(3) 利用由易到难的思想，从不同任务池采样过渡到同一任务池采样。

SSA 的核心代码如下。

首先对所有数据进行遍历，利用元学习网络提取不同类别的特征。

```
import numpy as np
import torch
import random
from numpy import linalg as LA
def features_list(x):
    kmeans_lists = []
    for i in range(x.shape[0]):
        for j in range(x.shape[1]):
            vec = data / LA.norm(data)
            kmeans_lists.append(vec.squeeze(0).tolist())
    return kmeans_lists
```

然后利用 k-means 算法进行聚类形成聚类任务池。

```
def kmeans_clusters(data):
    kmeans_datas = features_list(data)
    kmeans_poll = []
```

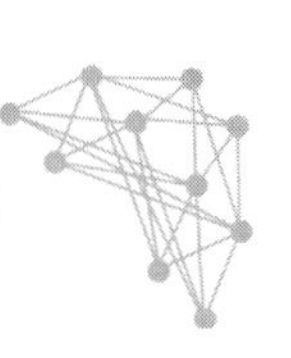

```
    for i in range(10):
        kmeans = KMeans(n_clusters)
        kmeans.fit(kmeans_datas[i:len(kmeans_datas):10])  #训练模型
        labels = kmeans.predict(kmeans_datas[i:len(kmeans_datas):10])  #预测
        kmeans_poll.append(labels.tolist())
        kmeans_poll = sum(kmeans_poll, [])
        kmeans_poll_sum = []
        for i in range(64):
        kmeans_poll_sum.append (Counter(kmeans_poll[i:len(kmeans_poll):64])
                              .most_common(1)[0][0])
        kmeans_classes = []
        class_0 = [i for i, x in enumerate(kmeans_poll_sum) if x == 0]
        class_1 = [i for i, x in enumerate(kmeans_poll_sum) if x == 1]
        kmeans_classes.append(class_0)
        kmeans_classes.append(class_1)
        return kmeans_classes
```

然后在聚类任务池中按照任务难度采样由易到难进行采样,采样方式如图 9-2 所示。

```
def sample(data):
    sample_datas = kmeans_clusters(data)
    classes_idx = np.arange(datas.shape[0])
    samples_idx = np.arange(datas.shape[1])
    num = np.arange(2)
    if self.kmeans_step == 0:
        classes_list = np.random.choice(classes_idx, size=5, replace=False)
    elif self.kmeans_step == 1:
        np.random.shuffle(num)
        class0_list = random.sample(sample_datas[num[0]], 2)
        class1_list = random.sample(sample_datas[num[1]], 3)
        classes_list = class0_list + class1_list
    elif self.kmeans_step == 2:
        np.random.shuffle(num)
        class0_list = random.sample(sample_datas[num[0]], 4)
        class1_list = random.sample(sample_datas[num[1]], 1)
        classes_list = class0_list + class1_list
    elif self.kmeans_step == 3:
    np.random.shuffle(num)
```

```
        class0_list = random.sample(sample_datas[num[0]], 5)
        class1_list = random.sample(sample_datas [num[1]], 0)
        classes_list = class0_list + class1_list
    return classes_list;
```

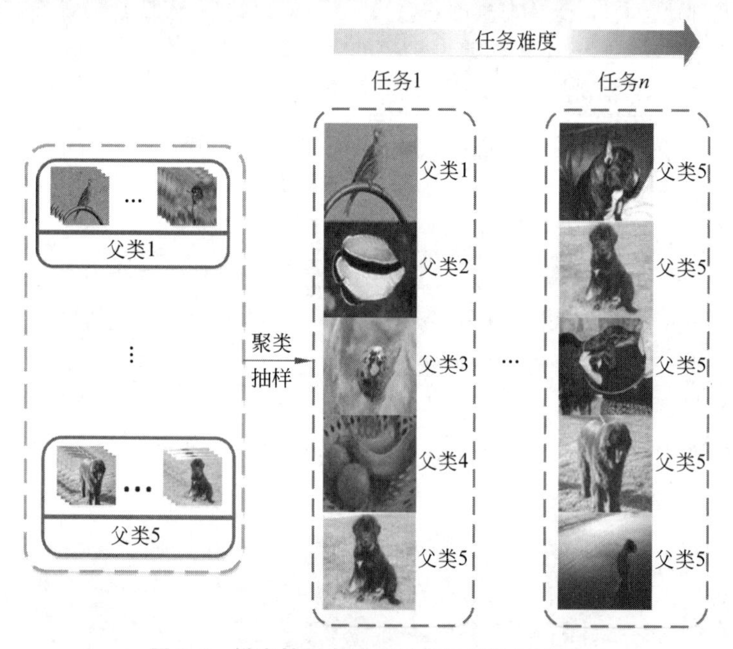

图 9-2 样本抽样自适应元学习采样示意图

9.5 任务难度自适应元学习

在传统的元学习中，模型在不同的任务上学习，通常认为每个任务的难度是相同的。但在实际应用中，不同的任务可能存在难度差异，某些任务可能比其他任务更加困难。任务难度自适应元学习就是要解决这个问题，它可以根据不同任务的难度调整模型的学习策略，从而提高模型的性能和泛化能力。

在任务难度自适应元学习中，模型需要学习如何评估任务的难度，并根据任务的难度调整模型的学习策略。例如，对于较难的任务，模型可以选择更加复杂的学习策略，例如更深的神经网络或更高的学习率；而对于较简单的任务，模型

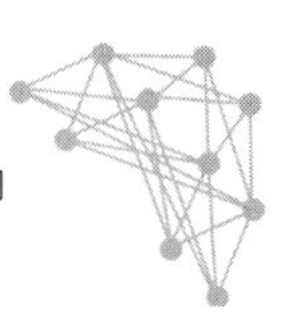

可以采用更加简单的学习策略，例如更浅的神经网络或更低的学习率。

任务难度自适应元学习可以应用于各种机器学习任务，尤其是在面对多样化和复杂化的任务时，更能发挥其优势。例如，在自然语言处理任务中，不同的文本数据可能存在词汇量、句子长度等不同的难度因素，可以通过任务难度自适应元学习来提高模型的泛化能力和性能。

任务难度自适应元学习的一个重要挑战是如何准确地评估任务的难度。通常，任务的难度可以根据任务的数据分布、任务的目标和任务的复杂性等因素来评估。在任务难度自适应元学习中，模型需要学习如何根据这些因素来评估任务的难度，并相应地调整学习策略。

任务难度自适应元学习可以与其他元学习方法相结合，例如模型架构搜索、优化超参数等。通过将任务的难度作为元学习的输入，可以在不同的任务上自动搜索最优的模型架构和超参数设置。

本节提出一种任务难度自适应选择训练器，使用多臂赌博机算法对元学习内圈任务做出任务回报预测，对任务的当前学习情况做出判断，通过权衡学习者的技能和任务难度向学习者推荐任务，从而使学习者在学习过程中快速提高。这样做可以快速提高元学习共享参数在未知任务的泛化性和收敛性。

构建任务难度选择训练器，对双层元学习的内圈任务做出选择。具体操作如下。

(1) 随机初始化外圈元学习参数 θ。

(2) 对任务 $T_i \sim p(T)$ 做初步训练，记录其参数 θ_i，损失为 $\mathcal{L}_{T_i}^{D_i^Q}(f_{\theta_i})$。

(3) 通过多臂赌博机算法选择对未来收益最大的任务。

(4) 对选择出来的任务进行训练。

任务难度选择器核心代码如下。

```
class UCB(Solver):
    """ UCB 算法,继承 Solver 类 """
    def __init__(self, bandit, coef, init_prob=1.0):
        super(UCB, self).__init__(bandit)
        self.total_count = 0
        self.estimates = np.array([init_prob] * self.bandit.K)
        self.coef = coef
```

```
def run_one_step(self):
    self.total_count += 1
    ucb = self.estimates + self.coef * np.sqrt(
        np.log(self.total_count) / (2 * (self.counts + 1)))    #计算上置信界
    k = np.argmax(ucb)      #选出上置信界最大的拉杆
    r = self.bandit.step(k)
    self.estimates[k] += 1. / (self.counts[k] + 1) * (r - self.estimates[k])
    return k
```

任务难度自适应元学习有多种难度判断方法和改良方式，上述引入多臂赌博机机制的整体算法流程如图 9-3 所示，读者可以选择更多的方法进行算法优化。下面提出一些方法猜想，供大家参考。

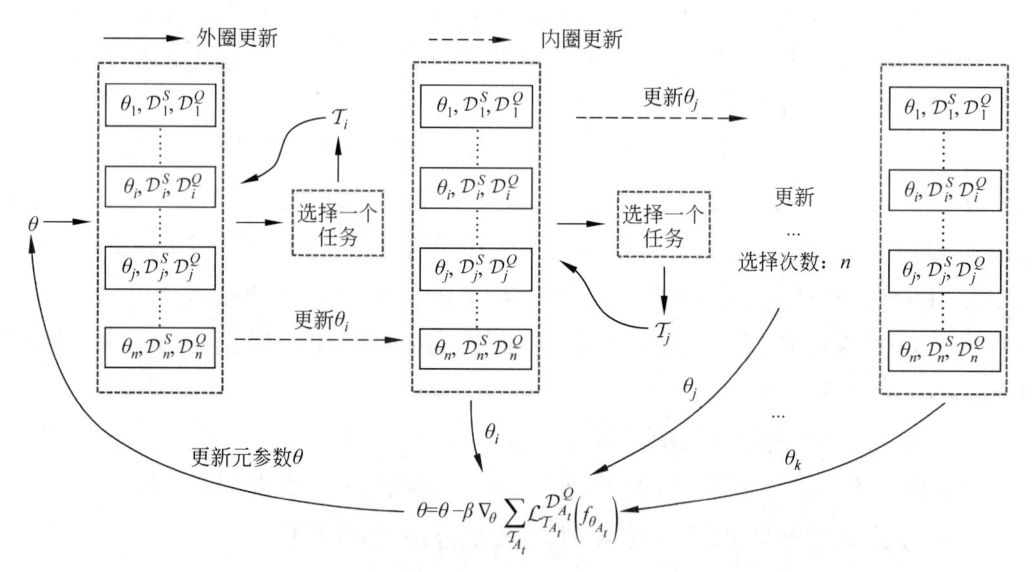

图 9-3　任务难度自适应元学习算法流程图

以下是一些可能的难度判断方法。

(1) 数据分布：可以通过分析任务数据的统计特征，例如数据的方差、数据的峰度和偏度等来评估任务的难度。如果任务的数据分布具有较大的方差和较高的峰度，说明任务的难度较高。

(2) 目标复杂性：可以通过分析任务目标的复杂性，例如分类任务的类别数、回归任务的预测目标范围等来评估任务的难度。如果任务目标的复杂性较

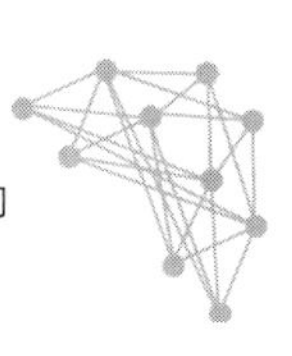

高,则任务的难度也相应较高。

(3) 模型表现：可以通过模型在任务上的表现来评估任务的难度。如果模型在任务上的表现较差,则任务的难度较高。

(4) 知识量：可以通过评估任务所需的知识量来评估任务的难度。如果任务所需的知识量较高,则任务的难度也相应较高。

(5) 人工评估：也可以通过人工评估任务的难度,例如通过专家的判断或用户的反馈来评估任务的难度。

以下是一些根据不同任务的难度调整模型的学习策略的方法。

(1) 模型选择：任务难度较低时,可以选择简单的模型,例如线性模型或浅层神经网络,以避免过度拟合;任务难度较高时,可以选择更复杂的模型,例如深层神经网络,以更好地捕捉数据中的复杂模式。

(2) 正则化：任务难度较低时,可以使用较弱的正则化来防止过度拟合;任务难度较高时,可以使用更强的正则化来防止模型过度拟合数据,并促进模型学习到更一般化的模式。

(3) 数据增强：任务难度较高时,可以使用数据增强技术来扩展训练数据集,以帮助模型更好地学习数据中的模式,并提高模型的泛化能力。

(4) 超参数搜索：任务难度变化较大时,可以使用超参数搜索技术来搜索最优的超参数设置,例如学习率、正则化系数等。

(5) 知识蒸馏：任务难度较高时,可以使用知识蒸馏技术来将较复杂的模型的知识转移到简单的模型中,以提高模型的性能和泛化能力。

9.6　小　　结

本章介绍了元模仿学习的概念,将元学习和模仿学习相结合,帮助我们从更广泛的任务中学习到通用的知识。接着探讨了任务无关元学习的概念,减少对具体任务的偏差,并提高模型的泛化能力。其中介绍了两种方法,分别是基于熵的 TAML 和基于不平等的 TAML。此外还介绍了如何在使用 CACTUs 进行无监督学习时应用模型无关元学习的方法,这种方法可以通过聚类技术自动构建任务，实现无监督的元学习。最后介绍了课题组提出的样本抽样与任务难度自适应元学习的思想。

元学习是深度学习领域最热门和前沿的研究方向之一[11]。学习了各种元学习算法之后，读者可以尝试构建自己的元学习模型，这些模型可以在不同的任务中进行泛化，并为元学习领域的研究提供有力支持。此外，还可以探索其他相关的研究方向，例如元学习的应用、元学习与其他学习方法的结合以及元学习的理论研究等，这些都可以为元学习领域的进一步发展作出贡献。

9.7 思 考 题

1. 简述元模仿学习的概念。

2. 什么是任务无关元学习？

3. 什么是无监督元学习？

4. 简述样本抽样自适应元学习的概念。

5. 简述任务难度自适应元学习的概念。

6. 提出你对元学习发展趋势的判断，并深刻思考其对通用人工智能发展的意义。

参考文献

[1] Duan Y, Andrychowicz M, Stadie B, et al. One-shot imitation learning[J]. Advances in neural information processing systems, 2017(30): 1087-1098.

[2] Finn C, Yu T, Zhang T, et al. One-shot visual imitation learning via meta-learning[C]//Conference on robot learning. PMLR, 2017: 357-368.

[3] Jamal M A, Qi G J. Task agnostic meta-learning for few-shot learning[C]//Proceedings of the IEEE/CVF conference on computer vision and pattern recognition, 2019: 11719-11727.

[4] Collins L, Mokhtari A, Shakkottai S. Task-robust model-agnostic meta-learning[J]. Advances in neural information processing systems, 2020(33): 18860-18871.

[5] Rajasegaran J, Khan S, Hayat M, et al. Itaml: An incremental task-agnostic meta-learning approach

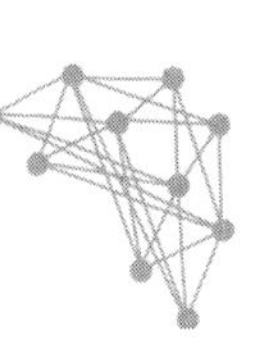

[C]//Proceedings of the IEEE/CVF conference on computer vision and pattern recognition，2020：13588-13597.

[6] Xu H，Wang J，Li H，et al. Unsupervised meta-learning for few-shot learning[J]. Pattern recognition，2021(116)：107951.

[7] Khodadadeh S，Boloni L，Shah M. Unsupervised meta-learning for few-shot image classification[J]. Advances in neural information processing systems，2019(32)：10132-10142.

[8] Hsu K，Levine S，Finn C. Unsupervised learning via meta-learning[J]. arXiv preprint arXiv：1810.02334，2018.

[9] Yao H，Wang Y，Wei Y，et al. Meta-learning with an adaptive task scheduler[J]. Advances in neural information processing systems，2021(34)：7497-7509.

[10] Liu C，Wang Z，Sahoo D，et al. Adaptive task sampling for meta-learning[C]//Computer Vision - ECCV 2020：16th European Conference，Glasgow，UK，August 23 - 28，2020，Proceedings，Part XVIII 16. Springer International Publishing，2020：752-769.

[11] 李凡长，刘洋，吴鹏翔，等. 元学习研究综述[J]. 计算机学报，2021，44(2)：422-446.